Anton Schneider

Gesünder wohnen durch biologisches Bauen

25 Grundregeln der Baubiologie

Schriftenreihe	**Gesundes Wohnen**
Herausgeber und Vertrieb	Institut für Baubiologie + Oekologie IBN D-83115 Neubeuern
Autor	Prof. Dr. Anton Schneider
Druck	Meißner-Druck GmbH, 83080 Oberaudorf
Copyright ©	Beim Herausgeber Nachdruck auch auszugsweise nur mit Genehmigung des Herausgebers. Alle Rechte, auch das der Übersetzung, vorbehalten.
Ausgabe	1/1995
ISBN	3-923531-06-0

Gesünder wohnen durch biologisches Bauen

Einführung

Die gebaute Umwelt (Wohnung, Haus, Dorf, Stadt) ist ein Abbild unserer geistig-kulturellen Entwicklung, sozialen Einstellung und Gesundheit. Dafür sind wir verantwortlich.

Noch nie war die Sehnsucht nach der heilen Welt, nach einer biologischen, naturgemäßen Entwicklung in all unseren Lebensbereichen so groß wie heute. Die Wissenschaft hat endlich - nach einem verhängnisvollen Irrweg - erkannt, daß sich die Natur nicht nach dem Menschen richtet, sondern der Mensch sich in die Naturgesetze einordnen muß.

So gewinnt das *biologische* Bauen und Wohnen in zunehmendem Maße an Bedeutung. Denn eine naturgemäße, menschenwürdige *Wohn-Umwelt* ist entscheidend für ein glückliches, gesundes, zufriedenes Leben, für innere und äußere Harmonie. Ohne sie läßt sich unser aller Ziel nach dem vollkommenen körperlichen, psychischen und sozialen Wohlbefinden nicht verwirklichen.

Von diesem Ideal sind wir weit entfernt; Unzufriedenheit und Hoffnungslosigkeit sind in der zivilisierten Welt größer als je zuvor. Umweltchaos, Gesundheitskatastophe, Untergang, sterbendes Volk, Vermassung/ Dichtestreß, Kulturschande, Bau- und Siedlungskrebs, sinnlos gewordenes Dasein etc. sind alltägliche Redewendungen. Viele haben sich daran gewöhnt, sind müde und gleichgültig geworden, ziehen sich ohnmächtig zurück, finden sich ab mit dem Schein-Wohlstand, mit der materiellen und ärztlichen Versorgung oder träumen in schöngeistigen Theorien.

Selbst in den zuständigen Fachkreisen herrscht allgemeine Ratlosigkeit und ziellose Stagnation. Zersplitterte Lösungsversuche erweisen sich als „Tropfen auf den heißen Stein". Die Probleme wachsen sogar mit der oberflächlichen Symptombehandlung.

Ohne durchgreifende, ganzheitliche, am Menschen orientierte Planung, ohne Anpassung an die Natur, ohne radikale Sanierung des Lebensraumes (der Wohn-Umwelt) läßt sich das gestörte Gleichgewicht nicht mehr herstellen.

Welchen Wert hat ein Bauwesen, das gerade noch technokratisch funktioniert? Was nutzen letztlich Wohlstand und Fassade, wenn wir am Höhepunkt des äußeren Fortschritts die Grundlagen des Lebens zerstört haben?

Um aus dieser Sackgasse herauszukommen, dürfen wir nicht bei Untersuchungen, Diagnosen, beim endlosen Kritisieren und Moralisieren stehen bleiben. Es ist zwar nötig, die ganze Problematik schonungslos aufzudecken, doch nur, um uns aus diesem Teufelskreis zu befreien, um daraus zu lernen für die notwendige Vorbeugung und Heilung.

Wege aufzuzeigen für eine gesunde, menschenwürdige Wohn-Umwelt ist das Ziel einer Bau-und Siedlungsbiologie.

Aufgabe dieser Broschüre ist es:

- *das Haus und die Siedlung als Ursachen von Krankheiten und maßgebliche Faktoren der Umweltzerstörung darzustellen,*
- *die grundlegende Bedeutung der Wohn-Umwelt für die gesamte Umweltschutzbewegung bewußt zu machen,*
- *die engen Beziehungen zwischen Wohnung/Siedlung einerseits und Gesundheit/Wohlergehen/Krankheit andererseits aufzudecken,*
- *Erziehung und Wissenschaft, Wirtschaft, Politik, Verwaltungsorgane und Gesundheitsgremien auf ihre diesbezügliche Verantwortung hinzuweisen,*
- *die baubiologischen Erkenntnisse einer breiten Öffentlichkeit zugänglich zu machen,*
- *alle Einsichtigen zur Mithilfe aufzurufen,*
- *Verbraucher auf dem Baumarkt hinsichtlich Baustoffwahl, Baudurchführung und Einrichtung objektiv zu beraten,*
- *bei der Lösung der Konzentrationsprobleme, der Siedlungs-, Raum- und Landesplanung mitzuwirken,*
- *Anregungen zu geben zur Entwicklung einer wahren biologisch geprägten Baukultur, zugleich als Beitrag zur Volksbildung,*
- *verbesserte Lebensbedingungen schaffen zu helfen, den Menschen in den Mittelpunkt des Baugeschehens zu stellen, um so das Leben und Wohnen humaner werden zu lassen,*
- *Mittler zwischen Forschung und Praxis zu sein.*

Die vorliegende Schrift gibt die Ergebnisse jahrelanger baubiologisch-ökologischer Forschungstätigkeit in konzentrierter Form und im Gesamtzusammenhang wieder. Für die 25 Grundregeln ist jeweils das Wesentliche herausgearbeitet, so daß sich der Leser einen raschen Überblick verschaffen kann. Weiterführende baubiologische Literatur sowie Quellenangaben bieten die „Schriftenreihe Gesundes Wohnen“ und der Fernlehrgang Baubiologie.
Es ist zu wünschen, daß möglichst viele Menschen Nutzen aus den zahlreichen Ratschlägen ziehen.

1. Bauplatz geologisch ungestört

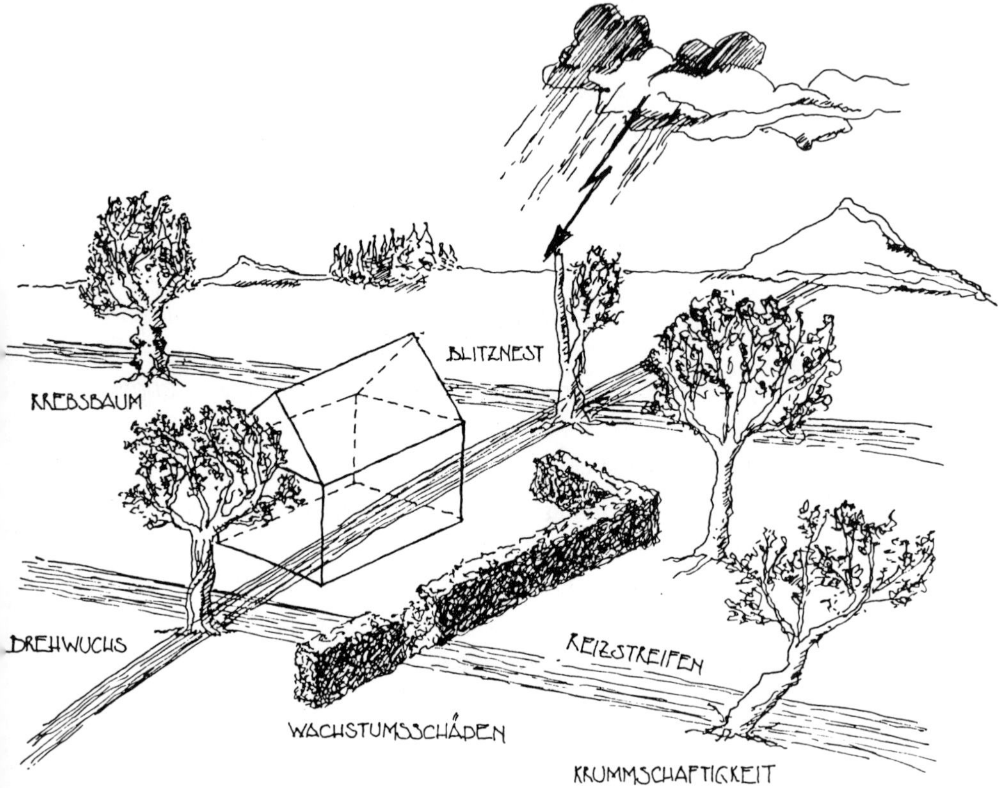

Die Erde strahlt. Erdstrahlen beeinflussen Pflanze, Tier und Mensch harmonisch oder disharmonisch. Entstehung *und* Erhaltung der Lebewesen sind von der Bodenstrahlung abhängig.

Wie ein Baum auf einem gestörten Standort verkrüppelt, erkrankt, unfruchtbar bleibt oder abstirbt, ebenso ergeht es dem Menschen, der jahrelang auf solchen Stellen wohnt. Auf einem günstigen Standort dagegen gedeihen Mensch und Baum, bleiben gesund und fühlen sich wohl.

Schädliche Strahlungen der Erde belasten streßartig („Reizzonen") besonders die empfindlichen Steuerungssysteme von Organismen. Der natürliche Computer wird dann falsch gesteuert.

Für die anormalen Abweichungen von der Grundstrahlung des Bodens sind verantwortlich:

- Lagerstätten von verschiedenartigem Gestein, von Erzen, Salzen, Kohle, Erdöl usw.,

- unterirdische Wasserläufe,

- Verwerfungen und Spalten,

- magnetische Netzgitter.

Diese Erkenntnisse beruhen auf uraltem Erfahrungsgut und auf wissenschaftlichen Untersuchungen. Es ist erwiesen, daß über gestörten Plätzen von der Norm abweichende radioaktive, infrarote, elektrische und/oder magnetische Strahlen bzw. Felder und gebremste Neutronenstrahlen auftreten. Ihre schädliche Wirkung wurde an Pflanzen, Tieren und am Menschen tausendfach beobachtet bzw. untersucht.

Als *Konsequenz* daraus sollte man, wie in früheren Zeiten, kein Haus auf eine Reizzone stellen; zumindest sollten die Schlafplätze störungsfrei sein. Für den verantwortungsbewußten Bauherrn und Architekten muß es selbstverständlich sein, vor der Bauplanung eine genaue Standortuntersuchung durchzuführen - soweit möglich durch physikalische Meßmethoden.

Optimal wäre es, wenn die örtlichen Gemeinden für das Siedlungsgelände entsprechende geologische Pläne anfertigen lassen und die Standorte der Häuser danach ausrichten würden.

2. Wohnhaus abseits von Industriezentren und Hauptverkehrswegen

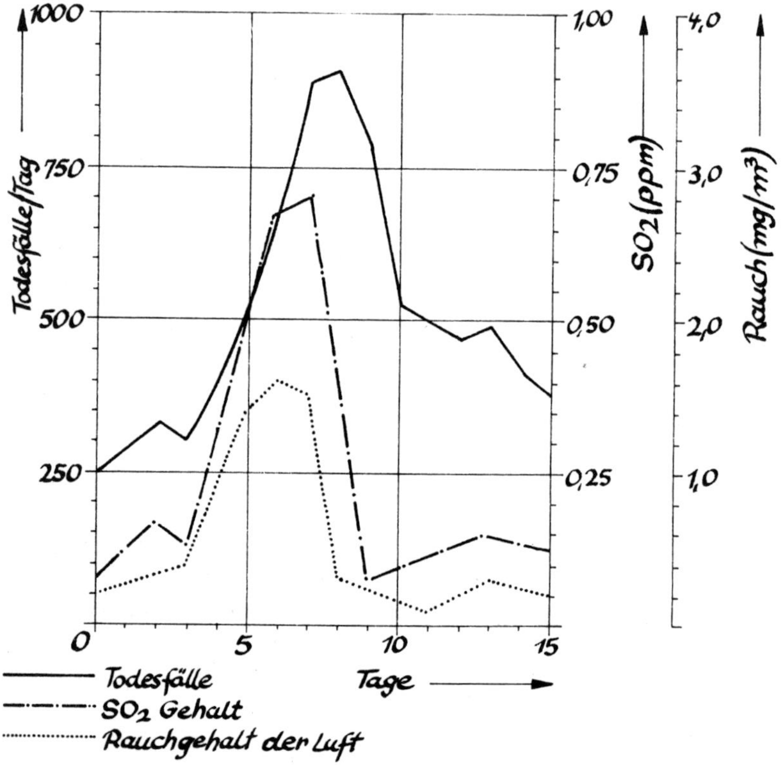

Ursache: Industrie-, Verkehrs-, Siedlungsdichte → Smog
Wirkung: Krankheit, Tod

Luftverunreinigung und Mortalität während einer Inversionslage in London 1952.

Im blinden Fortschrittswahn hat die Nachkriegsgeneration versagt. Der Auftrag „Macht euch die Erde untertan" wurde falsch verstanden. Wir haben die Natur vergewaltigt, statt uns ihr weise einzuordnen; wir sind Sklaven statt Meister unseres Schicksals geworden.

Durch Konzentration von Lärm, giftigen Abgasen, Unruhe, Dichtestreß und ästhetisch-kultureller Verarmung haben wir uns eine lebensfeindliche Wohn-Umwelt geschaffen. Die Folgen verspürt jeder und die Wissenschaft hat die Zusammenhänge eindeutig nachgewiesen.

Diese teils chaotische Zerstörung der Städte und Dörfer ist eine Kulturschande. Ist es nicht sinnlos und schizophren, Gesundheit, ein Leben in Harmonie und Zufriedenheit gegen Krankheit, Streß, Disharmonie und Unzufriedenheit einzutauschen? Genau das haben wir getan!

Unangenehme Tatsachen vor Augen zu halten, ist unerwünscht. Aber es ist notwendig, damit wir nicht die gleichen Fehler ständig wiederholen, sondern daraus lernen.

Die Probleme der Ballungsgebiete lassen sich in den nächsten Jahrzehnten nur dann entschärfen, wenn jeder einzelne bemüht sein wird, abseits von ihnen zu leben.

Wir haben die Chance, die Erde zu kultivieren, wenn wir nur wirklich wollen. Gerade heute im Wohlstand und mit weit entwickelter Technik wäre das möglich. Voraussetzung dafür ist die Einsicht für eine humane, sanfte Technik und Wirtschaft, in der das Wohl des Menschen (physisch, psychisch und geistig) im Mittelpunkt steht.

Gönnen wir doch endlich jedem Menschen ein gesundes Leben in und mit der heilen Natur! Arbeit, Schule, Erholung, Versorgung und Wohnung lassen sich, wie Beispiele beweisen, so integrieren, daß Straßen, Autos und Fabriken lebensfreundlich werden und ihren Dienst am kulturellen Aufbau erfüllen.

Darin liegen die notwendigen Aufgaben einer Landesplanung, der Stadt- *und* Dorferneuerung. Und darin sollten wir auch den sogenannten Entwicklungsländern endlich ein *positives Beispiel* sein.

Industrie, Verkehr und Siedlung sollen dem primären menschlichen Ziel einer geistig-seelischen Evolution dienen.

3. Dezentralisierte lockere Bauweise in durchgrünten Siedlungen

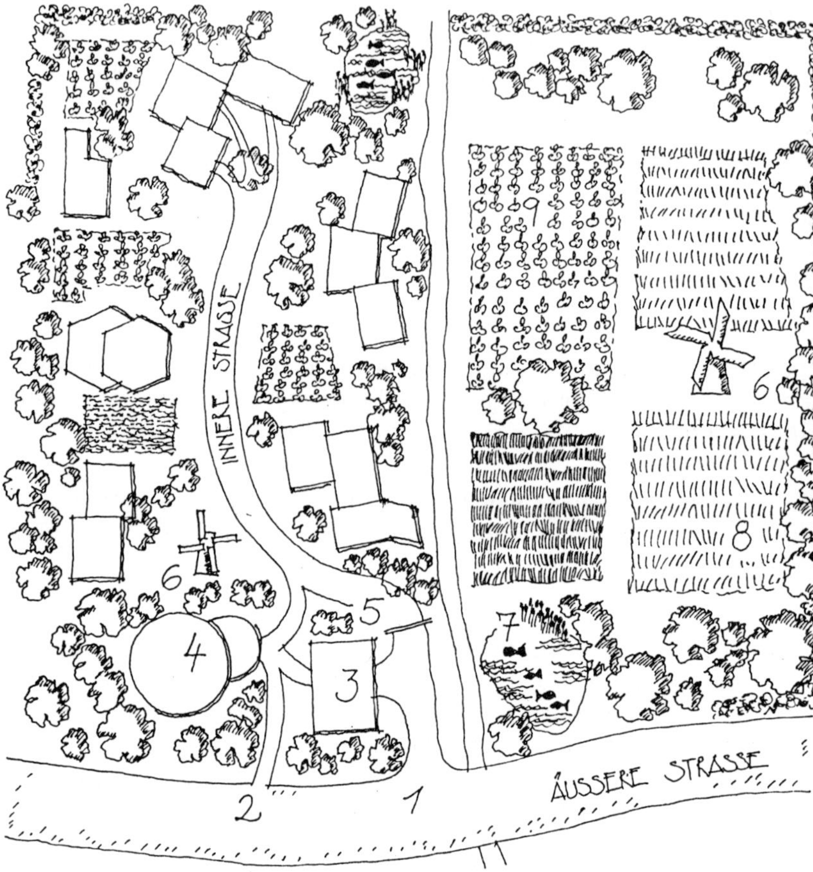

Beispiel einer baubiologischen Mustersiedlung

1 Einfahrt

2 Eingang

3 Garage (gemeinschaftlich)

4 Gemeinschaftshaus

5 Autosperre

6 Windmühle zur Stromversorgung (zusätzlich Nutzung der Sonnenenergie und Wasserkraft sowie Biogasgewinnung)

7 Biologische Binsen-Schilf-Kläranlage mit Teich

8 Getreidegarten

9 Gemüsegarten

- Sind wir wirklich ein „Volk ohne Raum"?
- Müssen wir uns in Ballungsräumen konzentrieren?
- Warum wird der Wunsch von 80 % der Bevölkerung nach einem naturgemäßen Leben in durchgrünten Dorfgemeinschaften unterdrückt?
- Warum wird das Naturrecht des Menschen, ein Stück seines Heimatbodens als Bau- und Gartenland zu besitzen, nicht beachtet?
- Warum entstehen heute keine neuen Dörfer und Städte (wie zu allen Zeiten)?
- Warum sind 90 % des Bundesgebietes von einer Bebauung ausgeschlossen?
- Kann die unheilvolle Trennung von Erholungsgebiet, Nahrungsproduktion, Arbeitsstätte, Schule, Verwaltung, Einkaufsort und Wohnung noch rückgängig gemacht werden?

Diese Fragen berühren die Existenz jedes Einzelnen und der Menschheit. Die Verletzung der Menschenrechte ist hier angesprochen.

Schließlich sind mindestens 15 einst blühende Stadtkulturen untergegangen, weil man das elementare Grundrecht auf Lebensraum mißachtete, weil man die Zeichen der Degeneration nicht erkannte oder keine Konsequenzen aus ihnen zog.

Großstädte waren schon immer sterbend; heute stirbt auch das verstädterte, industrialisierte Dorf im Dichtestreß.

Wir sind falsch programmiert und beugen uns ohnmächtig oder blind der Diktatur von antiquierten Tabus und einem primitiven Schablonendenken („Volk ohne Raum", „Zersiedlung", „Bauen im Außenbereich" etc.).

Der Mensch wird im Dschungel egozentrischer Auswüchse von Gruppeninteressen - Land- und Forstwirtschaft, Industrie, Verkehr, Naturschutzbewegung, Siedlungsträger, Gemeinden, Baugesellschaften - vergessen und im „Kampf aller gegen alle" zerrieben.

Wir müssen umdenken und aus einem Lernprozeß in letzter Minute zur Besinnung kommen. Eine weise, ganzheitlich orientierte, humane Lenkung ist notwendig für einen Ausweg aus dem Siedlungschaos. Wir sind herausgefordert, den Weg in eine menschlichere Welt zu gehen.

4. Wohnung und Siedlung individuell, naturverbunden, menschenwürdig, familiengerecht und die Bildung von Lebensgemeinschaften fördernd

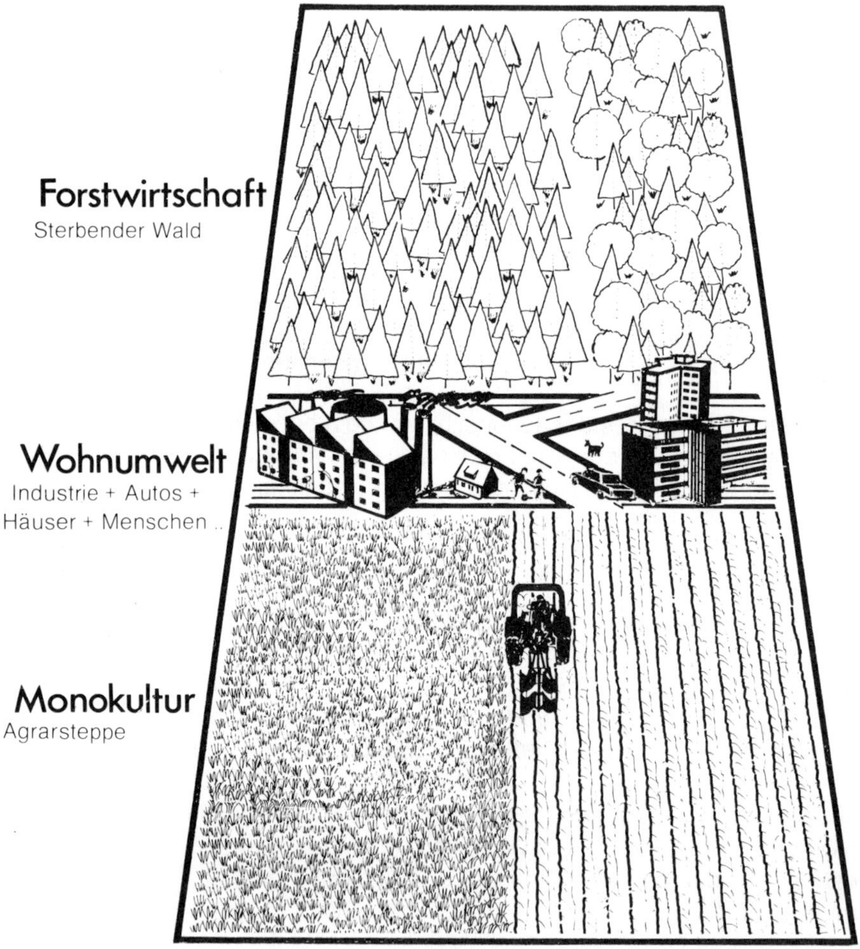

Konzentration + Spezialisierung + Rationalisierung
+ Vermarktung → Zerstörung des Lebensraumes

Jeder Mensch benötigt, wie jedes Tier, seinen ihm angemessenen Lebensraum - im Haus und in der Siedlung. Auch das Kind als Persönlichkeit braucht zur individuellen geistig-seelischen Entfaltung ein Refugium. Andernfalls kommt es gerade im empfindlichen Alter zu den allzu häufigen wohnbedingten Milieuschäden.

Auch außerhalb der Wohnung muß genügend Freiraum den täglichen Kontakt mit der Natur ermöglichen. Die individuelle Entwicklung des Menschen darf nicht durch ständige Fremdbestimmung, wie dies im Dichtestreß der Massenquartiere und der Ballungszentren der Fall ist, beeinträchtigt werden. Welche verheerenden Folgen eine Nichtbeachtung dieser elementaren Erkenntnisse hat, ist seit langem nicht nur Erfahrungsgut, sondern auch durch eindeutige wissenschaftliche Untersuchungen an Mensch und Tier erhärtet worden.

> *Der Bevölkerungsschwund, die Gesundheitskatastrophe (zunehmend mit der Größe der Städte und der Zahl der Stockwerke), die psychosomatische Degeneration, 15000 Selbtsmorde pro Jahr, die soziale Notsituation - Zerfall von Familien und Gemeinschaften, Terrorismus, Kriminalität, Mord - sind zum Großteil auf die lebensfeindliche Verdichtung zurückzuführen (in zu engen Wohnungen, Altersheimen, Krankenhäusern, Schulen, Arbeitsstätten, Siedlungen und Städten, auf der Straße und sogar an Erholungsplätzen).*

Es gibt einen *Ausweg:* ein ganzheitliches, dezentralisiertes, naturverbundenes, lebensfreundliches Bau- und Siedlungswesen, in dem Individualität, Gesundheit, Kreativität und Würde des Menschen die Grundlage für die erstrebenswerte aber heute fehlende Baukultur darstellen.

Das Umdenken besteht vor allem darin, daß wir uns von dem Spezialisierungswahn befreien, der zur Trennung von Siedlung, Erholungsgebiet, Land- und Forstwirtschaft, sowie zu dem unheilvollen Baulandmangel führte. *In biologischen Lebensgemeinschaften gibt es keine Isolierung.*

Zur logischen Entscheidung sollten auch folgende Tatsachen beitragen:

- die ökologische Wertigkeit einer durchgrünten Siedlung liegt um das Mehrfache höher als bei einer Agrarsteppe (lt. wissenschaftl. Untersuchung v. G. H. Bechet: Der Biotopwert. Diss. München 1976),
- auf intensiv genutztem Gartenland sind die Erträge wesentlich höher als auf den Monokulturen des modernen Landbaues,
- eine Gartenfläche von 100 m^2 reicht zur Ernährung einer Person weitgehend aus,
- bei kleinbäuerlicher Struktur (u.a. mit Nebenerwerbsbetrieben) anstelle einer industrialisierten Landwirtschaft könnten Millionen Menschen Arbeit und ein gesundes Dasein finden.

5. Baustoffe natürlich und unverfälscht

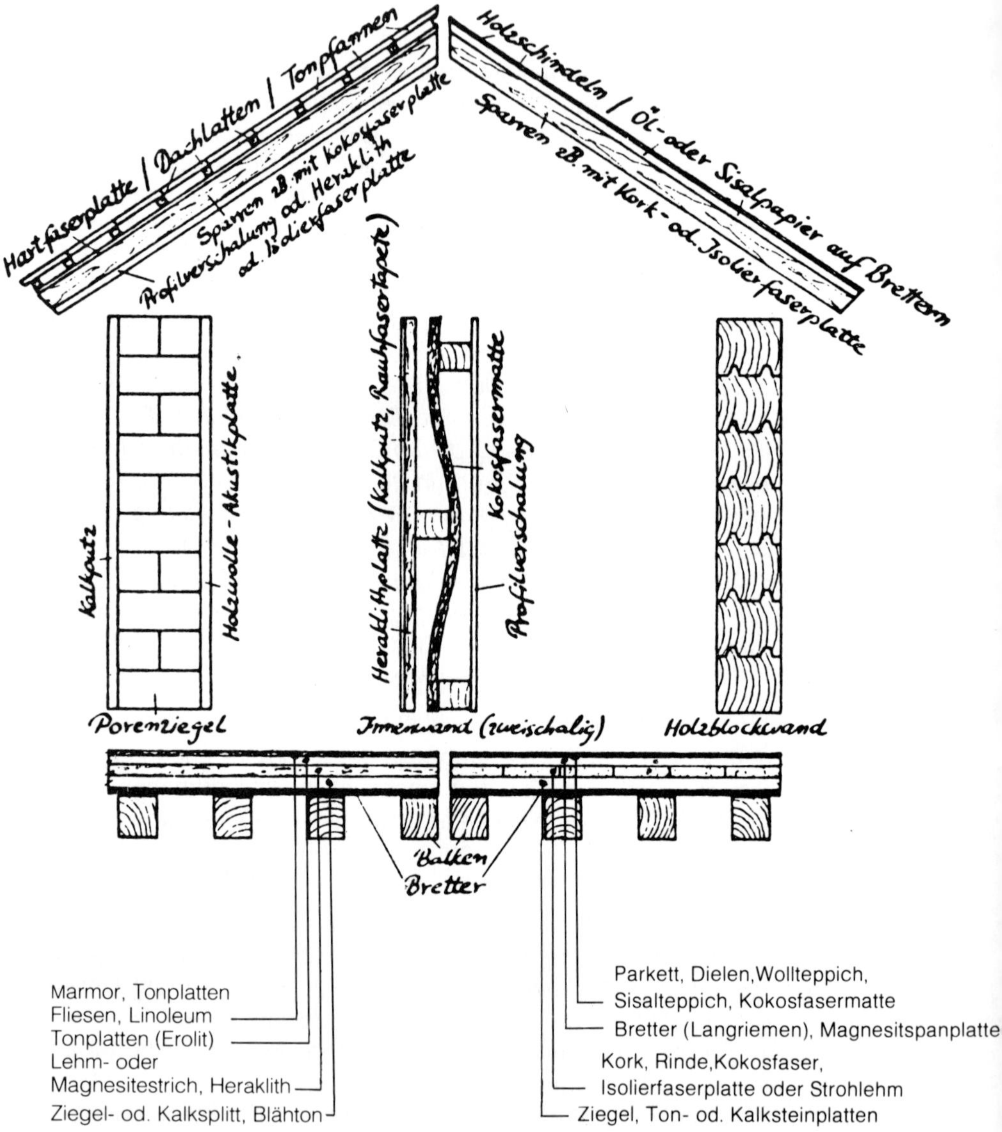

Beispiele für Wand-, Decken- und Dachkonstruktionen mit biologisch empfehlenswerten Baumaterialien - wärme- und schalldämmend, atmungsfähig und elektrobiologisch neutral

Baustoffe sind Bausteine des Lebens - wie Nahrung, Luft und Wasser. Alles ,,lebt'' in der Ordnung des Mikro- und Makrokosmos. Jedes Atom besteht aus Energiequanten, die wellen- und strahlenförmig die ganze Schöpfung durchdringen. In dieser kosmischen Evolution hat sich der Mensch entwickelt und sie ist es, die ihn prägt und erhält.

So betrachtet ist das Haus ein *Bauorganismus,* der mit dem Bewohner in harmonischer oder disharmonischer Verbindung steht. Wenn in einem Körper nur ein Organ krank ist, dann ist der ganze Organismus krank. Der Mensch und das Haus (als ,,dritte Haut'') müssen eine Einheit bilden.

Seit etwa 40 Jahren hat sich unsere Generation zunehmend auch im Bau- und Siedlungswesen von der Natur entfernt. Das ursprüngliche Haus bestand meist zu 30-40 % aus organischen (Holz, Stroh, Schilf etc.) und zu 60 - 70 % aus anorganischen (Lehm, Ziegel, Naturstein, Kalk etc.) Stoffen. Heute setzt es sich zur 90 - 100% aus künstlichen, natur- und körperfremden Baumaterialien zusammen. Ist es Zufall, daß wir seitdem kränker, unzufriedener, geistig arm und heimatlos wurden?

Diese tragische Situation kann sich nur dann zum Positiven wenden, wenn

- die zuständigen Forschungsstellen sich mit Baubiologie befassen,
- an den einschlägigen Ausbildungsstätten Baubiologie gelehrt wird,
- Wohnbevölkerung und Baugewerbe *objektiv* informiert werden,
- biologische Zulassungsprüfungen für Baustoffe durchgeführt werden,
- die Verwendung gesundheitsschädlicher Baustoffe und Einrichtungen verboten wird.

Die gesetzlich vorgeschriebenen Prüfbestimmungen sind zwar norm- und funktionsgerecht; aber das Wichtigste, die gesundheitliche Unbedenklichkeit und die ganzheitliche Haus- und Umweltproblematik, bleibt unberücksichtigt. Der Mensch selber wird als Versuchsobjekt mißbraucht.

Gesunde Baustoffe erfüllen zugleich alle lebenswichtigen Funktionen. Zahlreiche Krankheiten und viel Leid könnten verhindert werden, wenn wir endlich auch mit Hilfe des Bauens eine vorbeugende Gesundheitspolitik betreiben würden.

6. Raumflächen atmungsaktiv (diffusionsfähig)

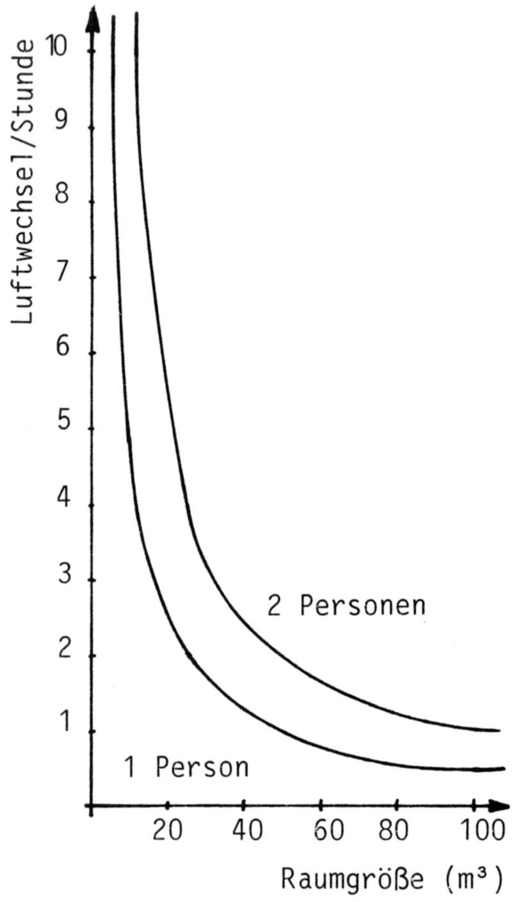

Luftwechsel je Stunde in Abhängigkeit von der Zahl der Personen im Raum sowie der Größe und Art des Raumes

Durchschnittlicher Luftwechsel pro Stunde:
1 - 2 x im gesunden Haus
0,1 - 0,2 x im „normalen" Neubau

„Wenn Du frische Luft liebst, so ist die Gesundheit Dein Freund." *(Sprichwort)*

Als dritte Haut müssen die Umschließungsflächen von Wohn-, Arbeits- und Versammlungsräumen eine *Dauerlüftung* ermöglichen. Das ist eine der primären Forderungen der Baubiologie; sie ist heute wichtiger als früher, weil

- die Fensterlüftung wegen Fugendichtung 10mal niedriger als bisher ist,

- die Atemluft besonders in den Städten empfindlich vorbelastet ist (CO_2-Gehalt 10mal höher als normal; CO-Gehalt bis 25mal höher; starke Belastung durch SO_2, Stickoxide, zahlreiche Chemiegifte und radioaktive Emanationen; Abnahme der Luftionen um das Vielfache),

- giftige Ausdünstungen von modernen Baustoffen sowie Radon-Konzentration einen ständigen Luftaustausch notwendig machen.

Der *Smog in der Wohnung* ist häufiger und gefährlicher als außen. Er führt zu Müdigkeit (zuerst werden die empfindlichen Gehirnzellen geschädigt), Schweratmigkeit, Leistungsschwäche, Infektionsanfälligkeit, akuten und chronischen Erkrankungen und psychischen Störungen aller Art; durch Geruchsbelästigung wird das Wohlbefinden beeinträchtigt.

Statt einem notwendigen 1-2fachen Luftwechsel pro Stunde haben Neubauten oft nur einen 0,1fachen. Wenn geraucht wird, oder in Schulen, Arbeits- und Versammlungsräumen sowie in Krankenzimmern, müßte die verbrauchte Luft noch häufiger durch Frischluft ersetzt werden. Dampfsperren sind Atmungssperren! Sie werden nicht nur als Kunststoff- oder Alu-Folien und Bitumenpapiere in Wände, Decken und Dächer eingebaut, sondern auch in Form von Betondecken und -wänden, Estrich, Fußbodenbelägen, Wärmedämmstoffen, Kunstharzverputz, Leimen, Klebern, Tapeten, Lacken, Farben etc.. Die moderne Bauphysik mißachtet die physikalischen Diffusionsgesetze. Danach ermöglichen diffusionsfähige Stoffe permanent - bis zum Gleichgewichtszustand - einen Konzentrationsausgleich bzw. eine Minderung der Gase (Schadstoffe) im geschlossenen Raum; insofern „atmen" solche Wände und Decken und sie leisten einen unentbehrlichen sowie energiesparenden Beitrag für eine gesunde Raumluft.

Im biologisch gebauten Haus sind Dampfsperren eine Fehlplanung, zumal sie sogar zu Bauschäden führen können.

Es ist unverständlich, beim baulichen Fortschritt (?) sogar das elementarste Bedürfnis des Menschen, die Atemluft, zu vergessen.

7. Natürliche Regulierung der Raumluftfeuchte

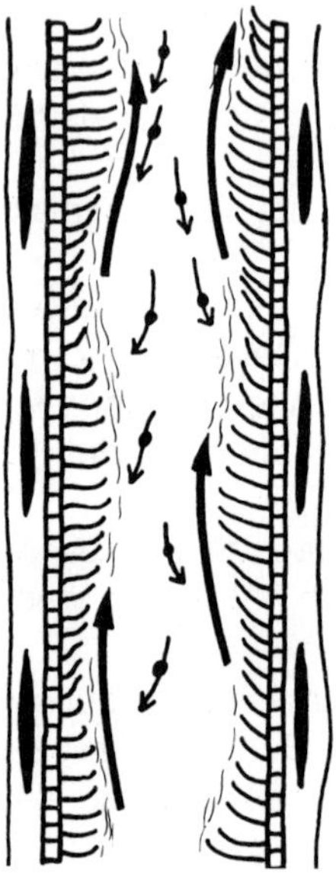

Normale Luftröhre
Flimmerepithel fördert Staub
und Mikroorganismen heraus

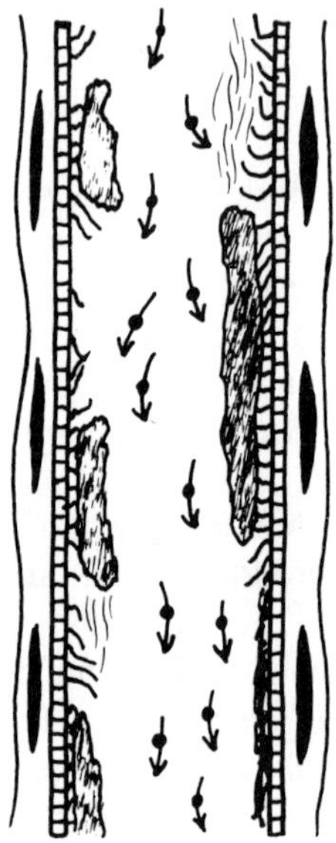

Ausgetrocknete Luftröhre
Krustenbildung
keine Selbstreinigung

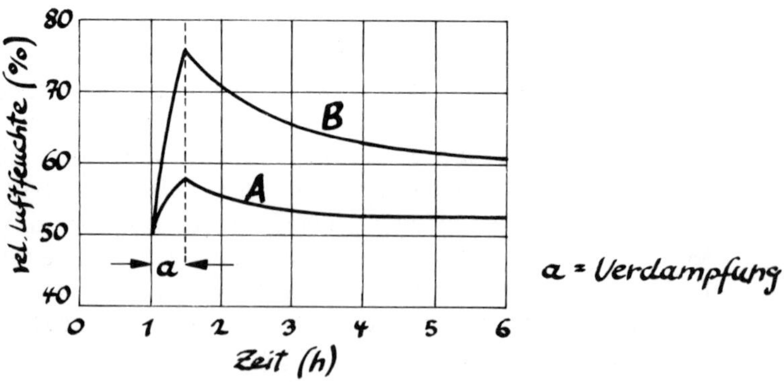

Änderung der relativen Luftfeuchtigkeit bei Verdampfen
von 200 g Wasser in 30 Min. in einem Raum von 40 m^3.
A = Kalkputz (hygroskopisch) B = Ölfarbe auf Putz (Dampfsperre)

Die Natur sollte auch hier Lehrmeister für optimale Lebensbedingungen im Wohnbereich sein; in ihr liegt die relative Luftfeuchtigkeit meist bei 50 - 75 %. Bei der modernen Bauart erreicht man im Winter lediglich Feuchtewerte von 15 - 35 %. Wo liegt das *Optimum* und wer kümmert sich darum?

Der Physiologie und Medizin ist seit Jahrzehnten bekannt, daß eine Raumluftfeuchte um 50 % für Gesundheit und Wohlbefinden optimal ist; sie sollte nicht unter 40 % bzw. über 70 % liegen.

Ausgetrocknete Luft enthält mehr Staub und Krankheitskeime, erhöht elektrostatische Aufladungen im Raum, mindert den wichtigen Gehalt an negativen Sauerstoffionen und ionisiert Staub und Keime der Luft, so daß diese dann besonders aggressiv sind.

Dadurch wird u. a. die Funktion des Flimmerepithels im Atemtrakt lahm gelegt, die Schleimhäute trocknen aus, werden gereizt und entzünden sich, es kommt zur Krustenbildung, die Selbstreinigung ist blockiert.

Die *Folgen* zu trockener Raumluft sind unter anderem: Infektionskrankheiten, nervöse Beschwerden, Kopfschmerzen, Ermüdung, Leistungsabfall, Augenentzündungen, allgemeines Unwohlsein.

Die *Ursachen* für ungesunde Trockenluft sind:

- Neubaustoffe und Einrichtungsgegenstände, die Wasserdampf nicht aufnehmen (die nicht hygroskopisch sind),
- Oberflächenmittel mit Feuchteschutzwirkung (z.B. Kunstharzlacke),
- Verwendung von Dampfsperren aller Art,
- Heizungen mit Strömungswärme statt Strahlungswärme,
- Klimatische Vorbelastung durch Betonwüsten.

Eine natürliche Regulierung der Raumluftfeuchte gründet auf hygroskopischen Baumaterialien, auf nicht gestörter Diffusion und Ventilation, auf Strahlungswärme sowie auf einer lockeren Garten-Wald-Besiedlung.

Die üblichen technischen Lösungsversuche (Zerstäuber, Verdampfer, Verdunster) befriedigen selten; aus hygienisch-gesundheitlichen Gründen muß davor gewarnt werden. Am ehesten können Zimmerpflanzen hier Abhilfe schaffen.

8. Filterung und Neutralisierung von Schadstoffen der Luft

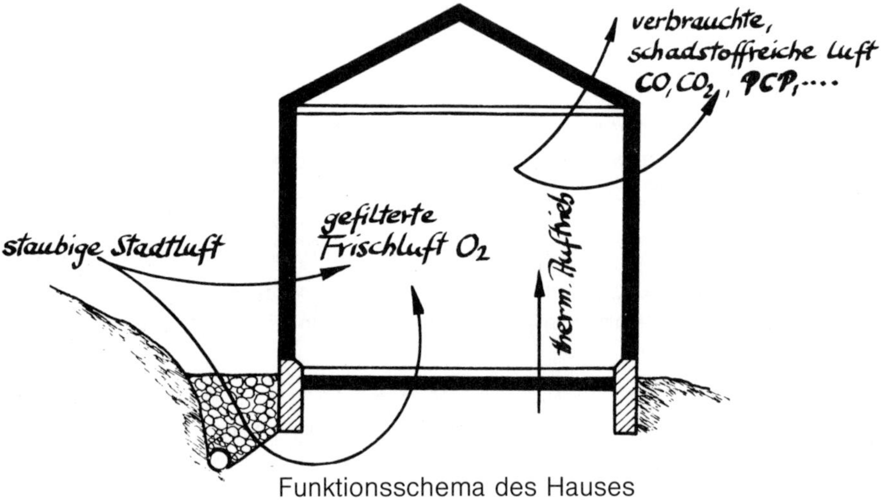

Funktionsschema des Hauses

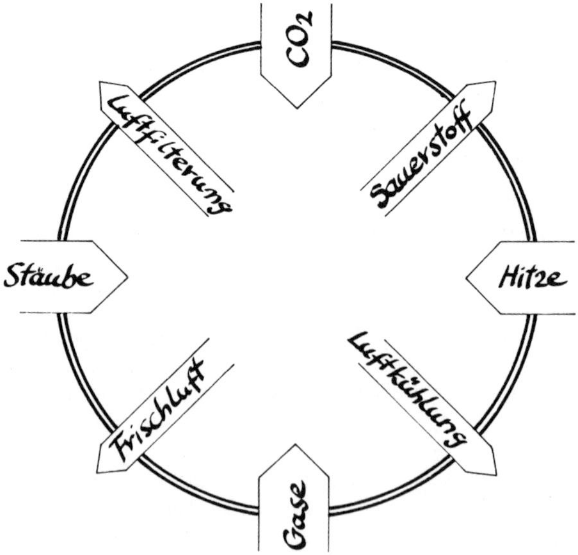

Funktionsschema des Baumes

In der Natur wird die Luft ständig gereinigt und erneuert. Es ist ein Prinzip des Lebens, daß in einem geordneten Kreislauf verbrauchte Stoffe regeneriert werden. Leben und Tod eines jeden Organs sind davon abhängig.

Saubere Luft riecht angenehm, ist frei von Schadstoffen, ist optimal ionisiert und hat eine physiologisch günstige Bakterienflora. Das Wohlbefinden des Menschen ist in hohem Maße von der Luftqualität abhängig.

Heute hat die Stadtluft einen etwa 100mal höheren Schadstoffgehalt als die Landluft. Gerade hier wäre eine Regeneration durch Gärten und Wald, durch niedere und hohe Pflanzen, durch den Erdboden und durch geeignete Baustoffe und Oberflächenmittel am nötigsten.

Die *Hausluft* ist meist noch stärker durch veratmete, toxische, radioaktive, übelriechende Stoffe aller Art angereichert, zirkuliert ständig und wird uns immer wieder von neuem vorgesetzt. Selbstvergiftung, Stoffwechselschäden, Allergien etc. sind die Folgen.

Eine *Sanierung* ist möglich

- mit Hilfe durchgrünter Siedlungen - ohne Betonierung und Asphaltierung des sorptionsfähigen Bodens
- durch die natürliche Dauerlüftung im Haus – gasdiffusionsfähige Kellersohle, Decken, Wände und Dach bewirken einen permanenten Luftfilterungsprozeß
- durch Verwendung hygroskopischer und diffusionsfähiger Baustoffe – wie Holz, Lehm, Ziegel, Kalk, Wolle, Kork, Kokosfaserprodukte – mit großer innerer Oberfläche (bei Holz etwa 200 m^2 pro cm^3), die Schadstoffe filtern, binden, neutralisieren können (Pufferwirkung)
- durch offenporige Oberflächenmittel - besonders natürliche Wachse, Harze, Pflanzenfarben - welche den Porenraum der Baustoffe nicht verschließen und zugleich angenehm riechen (Duftstoffe)
- mit Pflanzen und Blumen im Haus sowie Sträuchern und Bäumen um das Haus.

Nur in der Symbiose des großen Natur-Organismus Erde (einschl. erdnaher Baustoffe und Bauarten), Flora, Fauna und Mensch kann die optimale gesunde Luftqualität entstehen.

Diese Darstellung bezieht sich auf normale Verhältnisse. Bei zunehmender Gefahr durch Smog u.a. wird man künftig auf Schutzräume mit auswechselbaren Filtern nicht verzichten können.

9. Ausgewogenes Maß von Wärmespeicherung Wärmedämmung und Wärmedämpfung

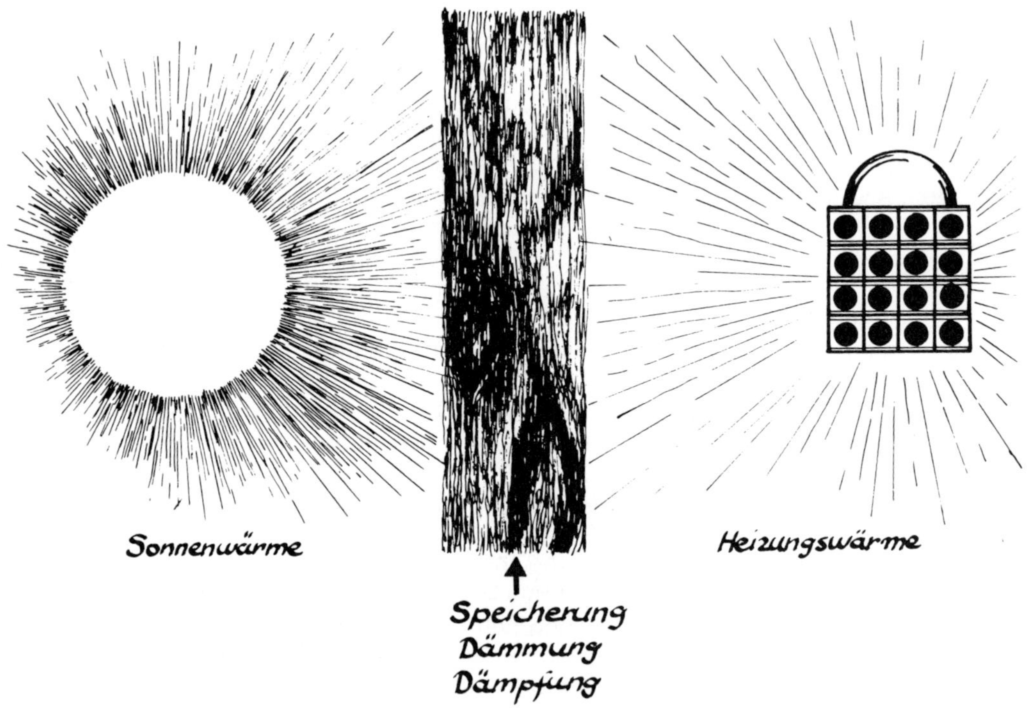

Die Sonne, das Nest eines Vogels und die alten Naturbauten des Menschen geben uns die beste, eine *ganzheitliche Wärmelehre.* Diese ist nicht einseitig wirtschaftlich orientiert und daher nicht falsch und irreführend.

Richtig ist das Ganze nur dann, wenn *alle* Einflußgrößen der Wärme harmonisch abgestimmt sind: Speicherung, Dämmung, Dämpfung, Oberflächen- und erforderliche Raumlufttemperaturen, Fußwärme, Energieverlust, Anheizdauer, Temperaturausgleich, Austrocknungsdauer, Kältebrücken, Kondenswasserbildung, Nutzung der inneren *und* äußeren Wärmequellen, Luftbewegung etc. Zu berücksichtigen sind aber auch die anderen Klimafaktoren wie Luftfeuchte, Art der Wärme (Strahlung, Strömung), Luftaustausch/Frischluftversorgung, elektrische Komponenten der Luft: Ionisation, Ladung, elektromagn. Felder, Kurz- und Langwelleneinstrahlung.

Darauf achtet man nicht beim aktuellen Wärmedämmungsrausch; nicht einmal auf die Problematik, daß z. B.

- eine Dämmschicht von 1 cm die Speicherfähigkeit des darunter liegenden Baustoffes zu 76 % mindert,

- die Aufwärmdauer im Betonhaus etwa 6 Stunden beträgt (zum Vergleich: 1 Stunde im Holzhaus), weshalb ein ständiges kostspieliges Heizen nötig wird,

- allein Fenster („Kältelöcher") an der Nordseite bis zu 80 % am Wärmeverlust beteiligt sein können.

Optimal ist die *natürliche Klimatisierung*

a) unter Verwendung der bewährten, körperfreundlichen Baustoffe Holz, Lehm, Ziegel,

b) unter passiver Nutzung der Sonnenenergie - durch richtige Orientierung, Größe und Dämmung (isolierte Läden innen!) der Fenster sowie durch Wahl, Anordnung und Färbung der Baustoffe,

c) durch abgestimmte Begrünung mit Bäumen, Sträuchern und Kletterpflanzen.

Die Heizkosten lassen sich durch solch einfache naturtechnische Maßnahmen um 50 bis 70 % senken. Zugleich entstehen weder Bauschäden noch Klimakrankheiten wie Asthma, Rheuma, Allergien, Kreislaufbeschwerden, Erkältungen.

10. Optimale Oberflächen- und Raumlufttemperaturen

Wohnung ohne ,,thermische Monotonie''

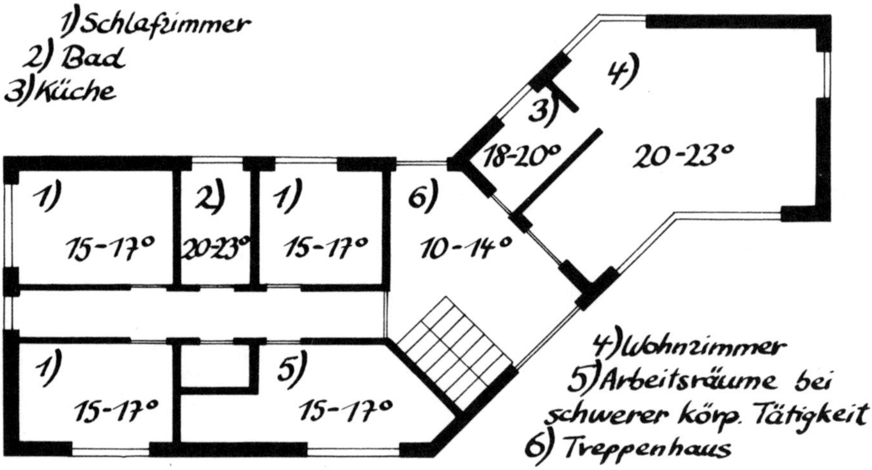

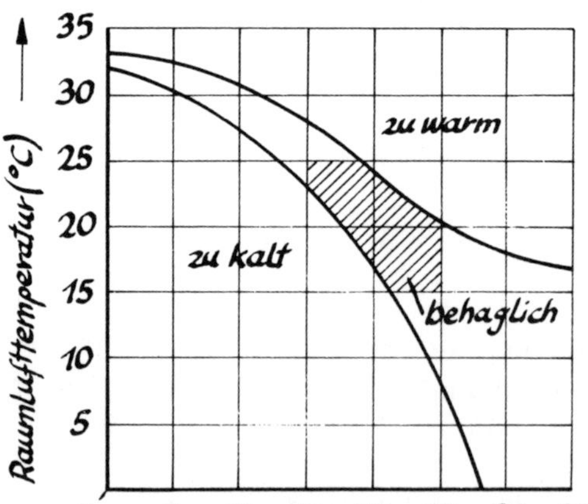

Abhängigkeit zwischen der mittleren Raumlufttemperatur und der Wandtemperatur (Behaglichkeitszone gestrichelt)

Strömungswärme schafft kein Temperatur-Optimum! Die übliche hohe Raumluftwärme in Wohnungen, Büros, Schulen usw. ist keineswegs günstig für Gesundheit und Wohlbefinden. Meist ist sie die Folge schlechter Heizsysteme und Baustoffe; hinzu kommen Gewohnheit und Verweichlichung.

Zu warme Luft ist sauerstoffarm, trocken und besonders angereichert mit Krankheitskeimen und Giftstoffen. Sie führt zur raschen Ermüdung, Flachatmung, Minderung der Konzentrations- und Leistungsfähigkeit, zu Kopfschmerzen, erhöhter Pulsfrequenz, Wärme- und Respirationsstau im Körper, allgemein zum Unwohlsein. Stärkere Luftbewegung ist mit unterschiedlichen Raum- und Oberflächentemperaturen verbunden; Zugluft ist unangenehm und verursacht neuralgische und rheumatische Beschwerden.

Die Luftbewegung soll nicht über 10 cm/s liegen; bei einem Temperaturunterschied von 2^0 C beträgt sie bereits 20 cm/s. Zwischen der Temperatur einer verputzten Betonwand (-decke) und der Raumluft kann ein Unterschied von 10 und mehr Grad bestehen; bei Fensterflächen noch mehr.

Bei einer durchschnittlichen Oberflächentemperatur von 15^0 C braucht man Raumlufttemperaturen von 24 - 25^0 C, um nicht zu frieren. Hat aber die Oberfläche 18^0 C, dann genügen für die Luft ebenfalls 18^0 C! Das bringt eine Heizkostenminderung von etwa 40 % mit sich (6 % / ^{0}C). Das Gesunde ist meist zugleich das Wirtschaftlichste.

„Kopf kühl und Füße warm!" Diese alte Volksweisheit entspricht auch den gesundheitlich-wissenschaftlichen Erkenntnissen. Tiefatmung, Frische, Abhärtung, Konzentrationsfähigkeit und hohes Leistungsvermögen sind damit verbunden. Die gewohnte thermische Monotonie ist bei Treibhauspflanzen zwar zunächst wachstumsfördernd, in der freien Natur kümmern sie jedoch und sind krankheitsanfällig. Ebenso ist es beim Tier und beim Menschen. Optimale Temperaturen sind variabel -im Haus wie in der Natur. Sie schwanken zwischen 10° C (Treppenhaus) und 20° C (Wohnzimmer). Wärmestrahlung - in Verbindung mit wärmedämmenden und wärmespeichernden Baustoffen - ist die Voraussetzung für die Forderung nach gleich hohen Luft- und Oberflächentemperaturen.

11. Strahlungswärme zur Beheizung unter weitgehender Nutzung der Sonnenenergie

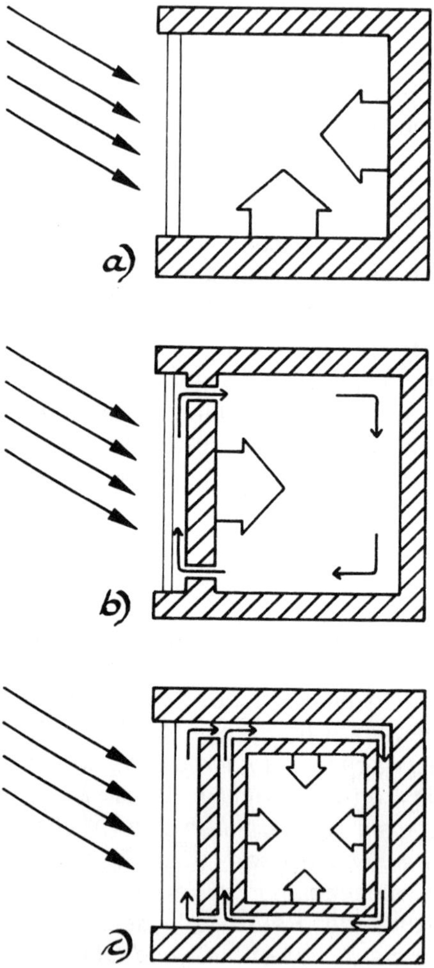

Gebäude als Kollektor:
schematische Darstellung
der drei Typen

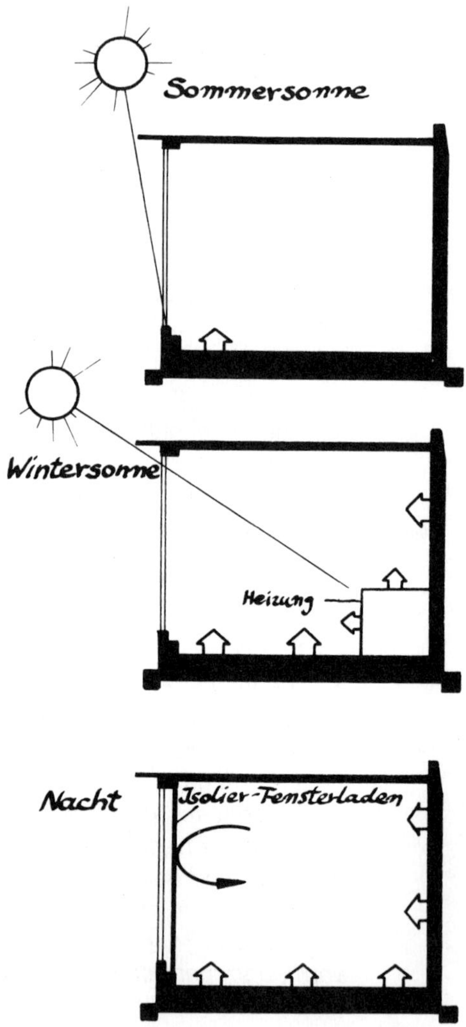

Passive Nutzung der Solarenergie
Kombination von
Sonne, Haus, Heizung, Wärmeschutz

Die übliche Zentralheizung ist zwar komfortabel, aber nicht gesund. Insofern war die technisch-ökonomisch geprägte Entwicklung auf dem Heizungssektor ein Irrweg! Dies auch deshalb, weil wir uns vollständig vom Öl abhängig machten, weil ökologische Aspekte kaum beachtet werden, weil wir die Sonnenenergie nicht (oder nicht richtig) nutzen und weil wir mit der teuren, verschwenderischen und schädlichen Strömungswärme heizen.

Eine Besinnung auf das Natürliche, auf die Sonne und das Feuer - als Symbol der Heizung - ist notwendig! Was *Wärmequalität* eigentlich ist, spüren wir - psychisch und physisch - vor der offenen Flamme oder in der strahlenden Sonne. Die gesundheitliche Nutzung dieser *Strahlungswärme* ist Infrarot-, Ultraviolett-, Farb- und Ionentherapie zugleich. Diese ,,Feuertherapie'' wirkt sich positiv aus auf Blutkreislauf und Hautdurchblutung, Stoffwechsel und Hormonregulation, steigert die Widerstandskraft, das Immunsystem und die Lebensfreude, schafft eine harmonische entspannende, gemütliche Atmosphäre.

Aber das alles ist uns verlorengegangen, denn die Flamme führt ein Schattendasein im Keller (der zudem unnötigerweise mitgeheizt wird, und die Sonne bleibt außerhalb des Hauses. Stattdessen begnügen wir uns mit all den *Nachteilen* der modernen Heizungssysteme: Luft-, Staub- und Keimbewegung, kalte Raumoberflächen, hohe Temperaturdifferenzen der Raumluft, Geruchsbelästigung, trockene, sauerstoffarme und elektrobiologisch tote Luft, Heizungsgeräusche, elektromagnetische Felder und elektrostatische Aufladungen.

Die ideale Heizung sollte ein Heizklima schaffen und sie sollte auch ein Beitrag zur familienfreundlichen Wohnkultur sein. Primäre Heizquelle ist die Sonne; ihre direkte, passive Nutzung besteht darin, daß der gesamte Baukörper auf sie abgestimmt wird, Kollektor und Wärmespeicher zugleich ist. Damit allein schon lassen sich 50% des Wärmebedarfs decken. Als Heizquelle von innen - im Zentrum des Hauses - kommen in erster Linie der offene Kamin (mit Kamineinsatz) und der gemauerte Ofen (als Grundofen oder echter Kachelofen) sowie die Wandflächen- oder die Hypokaustenheizung infrage. Diese Kombination von Sonne, Flamme und Wärmestrahlung führt zur biologischen Heizung.

12. Geringe und rasch abklingende Neubaufeuchte

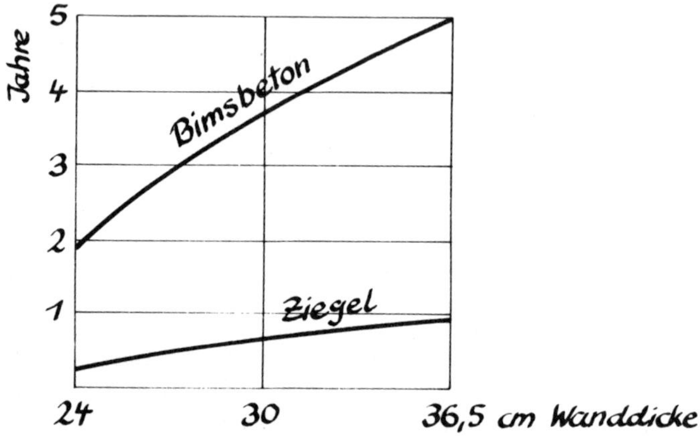

Austrocknungszeiten bei Wänden
Ziegel und Bimsbeton im Vergleich

Trocknungsdauer in Tagen
bei einer 30 cm dicken Wand

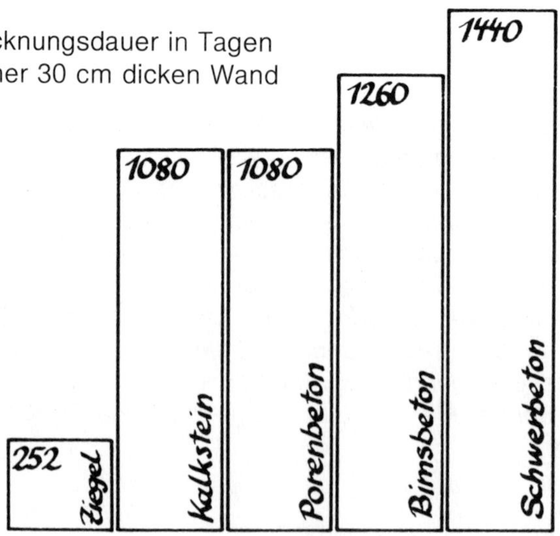

Kein vernünftiger Mensch zieht nasse Kleider an. Was für die zweite Haut zutrifft, gilt auch für die dritte; man müßte sie erst trocknen lassen, bevor man in den Neubau einzieht. Bei einem Massivbau mit viel Beton würde es mehrere Jahre dauern, bis die etwa 80 000 Liter Wasser, die in ein Einfamilienhaus ,,eingebaut'' werden, verdunstet sind.

Reiche Leute ließen früher ihre Häuser oft von Armen ,,gesund wohnen''. Man wußte aus Erfahrung, daß die Neubauten nicht nur ungemütlich naßkalt waren, sondern auch Rheuma, Ischias, Asthma, Erkältungen, Allergien, Nierenleiden und Tuberkulose verursachten. Als Mark Twain die Wohnverhältnisse in deutschen Städten erlebte, schrieb er: ,,jetzt weiß ich auch, warum es in Deutschland so viele Rheumakranke gibt''. Aber damals waren es relativ wenige gegenüber den 20 Millionen heute, wie die Deutsche Rheuma-Liga mitteilte.

In dem feuchten Baukörper entwickeln sich *pathogene Keime* (Pilze, Bakterien, Viren). Ihre schädlichen Ausdünstungen riechen häufig unangenehm. Schimmelpilze geben stark giftige Mycotoxine ab, welche Allergien und Krebs verursachen können. Bei der Wasserdampfabgabe werden heute zusätzlich noch *Chemiegifte* (aus Bautenschutz- und Holzschutzmitteln, Kunstharzleimen und -lacken etc.) verdunstet. Außerdem sind *Durchlüftung* (Frischluftversorgung) sowie Wärmedämmung bei den nassen Baustoffen besonders gering (2 % mehr Wandfeuchte bei Beton erhöhen die Wärmeleitung um 25 %). Bei massiven Neubauten wird zusätzlich wegen *Verdunstungskälte* viel Wärmeenergie benötigt.

Durch *Sperrschichten* (Dampfsperren) verzögert sich die Austrocknung noch mehr. Sie sind häufig die Ursache für Bauschäden, die besonders in den ersten Jahren auftreten. Beim Einzug bildet sich dann oft Tauwasser an Wänden und Decken.

Die Konsequenz daraus liegt im Trockenbau - mit trockenem Holz, ohne Beton, mit Kalkmörtel für den Ziegelbau (Zementmörtel benötigt die vielfache Trockenzeit), ohne Dampfsperren. Ein massives Haus sollte wieder bis zum Einzug wenigstens ein Jahr lang austrocknen, was durch Beheizung und gleichzeitiges Durchlüften unterstützt werden kann. Viele Krankheiten und Bauschäden ließen sich dadurch verhindern.

13. Angenehmer Geruch oder geruchsneutral, ohne Abgabe toxischer Dämpfe

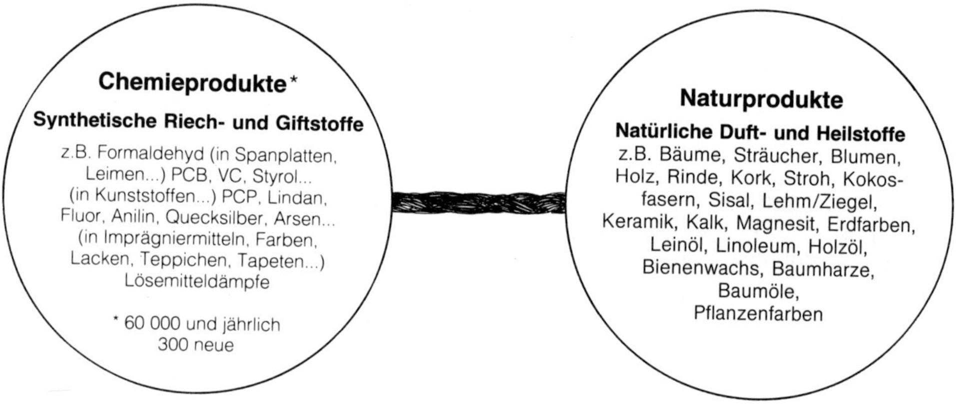

Tauziehen zwischen
wirtschaftlichen und **biologischen**
Interessen

Der geübte Arzt erkennt geruchsmäßig im Krankenzimmer oder am Patienten vorliegende Krankheiten. In den USA werden amtliche Geruchsprüfer zur Ermittlung von Industriegiften eingesetzt. Für den Wohnbereich sind geruchsempfindliche Testpersonen sicherlich nützlich; ohne fragwürdige und kostspielige chemisch-physikalische Analysen könnten sie schnell aussagen, ob ein Haus oder ein Baustoff „krank" oder „gesund" ist.

Den objektiven technischen Geruchsindikator gibt es nicht. Andererseits ist unser Geruchsorgan meist so stark degeneriert und verbildet, daß es uns gar nicht mehr auffällt, wenn es besonders in Neubauten wie im Chemielabor oder im Krankenhaus riecht. Man gewöhnt sich daran; das Anormale wird schließlich normal. Mit synthetischen Duftsprays läßt sich ja abhelfen.

Was schlecht und fremdartig riecht, ist nicht nur lästig oder ekelerregend, verursacht Unbehagen und üble Stimmung, es ist in der Regel zugleich gesundheitsschädlich - je länger die Einwirkung und je konzentrierter, um so mehr. Die Wirkungen können akut, chronisch und/oder mutagen (erbgutschädigend) sein. Fast jede Wohnung und jeder Schul- und Arbeitsplatz ist verseucht mit Chemiegiften, auf die verzichtet werden könnte! Sie sind enthalten in Grundbaustoffen, Wärmedämmstoffen, Oberflächen-, Pflege und Desinfektionsmitteln, Teppichen, Möbeln und sonstigen Einrichtungsgegenständen. Mangelnde Frischluftversorgung, schlechte Heizungen mit Staubzirkulation, unphysiologische Ionenverhältnisse sowie Baustoffe ohne Sorptions- und Regenerationsvermögen verstärken die unzumutbaren modernen Wohnverhältnisse. Sie tragen zweifellos in hohem Maße dazu bei, daß heute die meisten Krankheiten Toxikosen sind.

Diese indoor-air-pollution, wie die Luftverschmutzung im Rauminnern in Veröffentlichungen der WHO (Welt-Gesundheits-Organisation) genannt wird, ist Hauptursache der Zivilisations-Allergien, welche sich in erschrecklichem Maße ausbreiten.

Gibt es einen Ausweg? Wie können wir sanieren? Bei der Planung von Neubauten und der Renovierung von Altbauten sollte es selbstverständlich sein, nur angenehm oder zumindest neutral riechende Baumaterialien, Bauhilfsstoffe und Einrichtungsgegenstände ohne Spuren schädlicher Stoffe zu verwenden. Als anregendes Beispiel gilt das Holzhaus, das über Jahrhunderte nach Harzen duftet (sofern es nicht mit gewissen Chemieprodukten imprägniert oder lackiert wurde). Die Natur zeigt uns den Weg zur gesunden Luftqualität.

14. Naturgemäße Licht-, Beleuchtungs- und Farbverhältnisse

Schattenseite

Krankheit, Disharmonie, Degeneration,
dunkel, finster, trüb, kalt, unbehaglich,
traurig, drückend, langweilig,
streng, melancholisch, monoton,
lähmend, belastend,
ermüdend, deprimierend

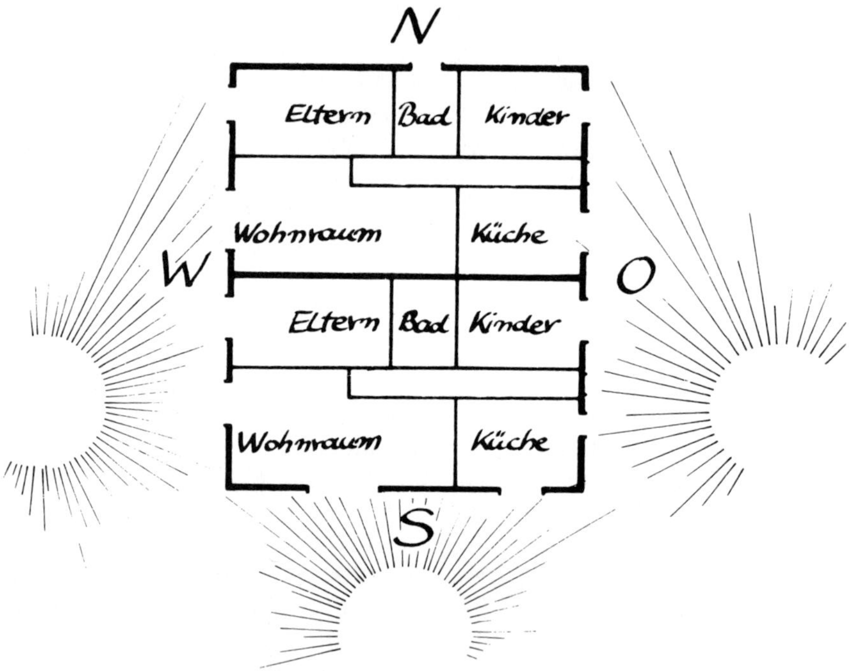

hell, sonnig, heiter, strahlend,
leuchtend, warm, freundlich, vital,
leicht, befreiend, kraftvoll, festlich,
entspannend, belebend

Gesundheit, Harmonie, Evolution

Lichtseite

„Wo die Sonne nicht hinkommt, kommt der Arzt hin!"

Daß es heute so viele Ärzte geben muß, hat sicherlich damit zu tun. Die Sonne - Quelle des Lichtes, der Farben, der Wärme, des Lebens - ist in zahlreichen Wohnungen und Siedlungen ein seltener Gast. Enge Bebauung, Beschattung, Dunstglocke und Glas isolieren uns von lebenswichtigen Energiestrahlen; das Leben verkümmert, wird licht- und farblos.

Gewöhnliches *Fensterglas* filtert das UV-Licht bis zu 100 % aus; im UV-freien Raum gedeihen Krankheitskeime, Erkältungen, Asthma, Bronchitis und es bildet sich kein Vitamin D (Ursache für Rachitis, Karies, Wachstumsstörungen, Blutdrucksenkung etc.). Empfehlenswert ist es, wenigstens ein UV-durchlässiges Fenster - am besten an der Südseite der Wohnung und im Schlafzimmer - mit Spezialglas (z. B. Sanalux) auszustatten.

Kunstlicht und *künstliche Farben* können das Natürliche nur unvollkommen ersetzen; sie sind Fremdkörper, sie schaffen nicht den nötigen Naturkontakt. Qualität läßt sich durch Quantität nicht ersetzen. Die vielfältigen UV-, IR- und Farbstrahlen des natürlichen Lichtspektrums wirken physiologisch wie Vitamine sowie psychisch-geistig veredelnd und bildend, wie gute Musik.

In *fensterlosen Schulen* starben Pflanzen und Fische. Trotzdem baut man sie weiter, auch Werkstätten, Kaufhäuser, Büros. Depression, Ermüdung, Reizbarkeit, Kopfschmerzen, Neurosen stellen sich ein. Leuchtstofflampen mit 1000 bis 2000 Lux gelten zwar als repräsentativ, modern und leistungssteigernd, sind sogar DIN-gerecht, können aber gesundheitsschädlich wirken: sie bringen das Hormonsystem aus dem Gleichgewicht und verursachen Lichtstreß, nervöse Überreizung, Zellschädigungen usw. Diese Lampen geben zwar sehr viel UV-Strahlen ab, jedoch solche, die es in der Natur gar nicht gibt und die krebserregend sind. Beim Kunstlicht sind Spektrum, Intensität und Rhythmus unnatürlich; außerdem verbreitet es relativ starke elektromagnetische Felder.

Wir sollten endlich die gegebenen Möglichkeiten nutzen, um menschenwürdige, sonnige und farbenfrohe Wohnungen, Schulen, Arbeitsstätten und Siedlungen zu bauen, damit wenigstens unsere Kinder in lebendiger, gesunder Umgebung groß und frei werden.

15. Orientierung des Schall- und Vibrationsschutzes am Menschen

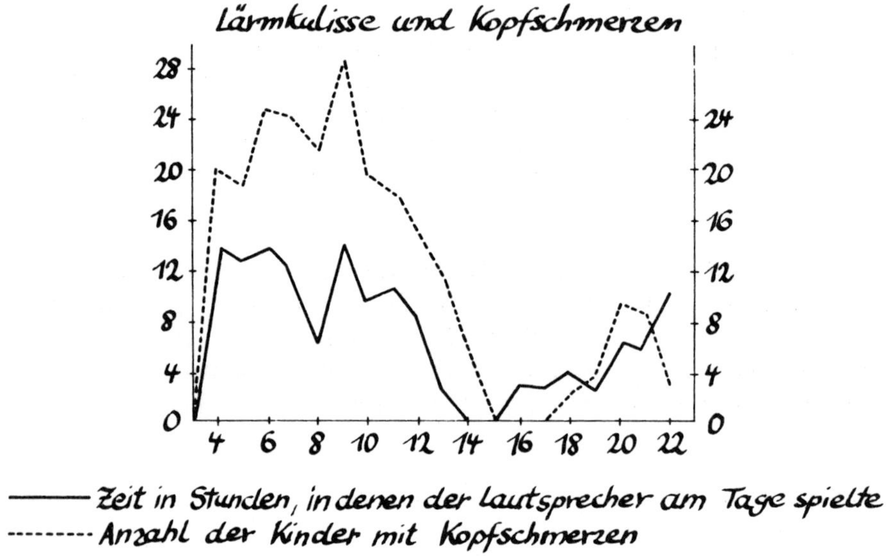

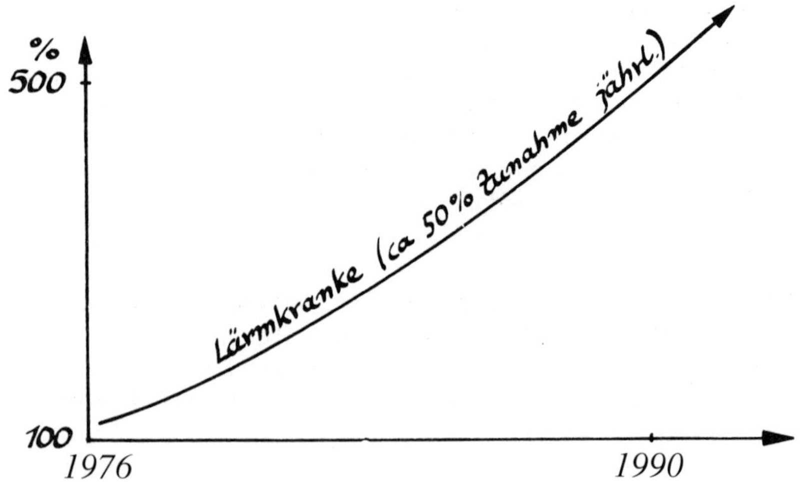

Neben dem Dichte-, Chemie-, Elektro- und Lichtstreß gibt es den Lärmstreß. Es sind ,,Kinder'' einer unkultivierten inhumanen, lebensfeindlichen Technik, die ein naturgegebenes Paradies zur Hölle und uns zu Sklaven der Zivilisation machen. Man kann sich nur wundern, wie sich die Menschen dieser modernen Diktatur beugen.

75 % der deutschen Bürger klagen über zu lautes Wohnen in ihren ,,akustischen Folterkammern'', über Innen- und Außenlärm bei Tag und bei Nacht; 10 % sind bereits lärmkrank. Oasen und Ruhe sucht man selbst in Erholungsorten und Dörfern vergeblich; schließlich hat jeder dritte Landwirt Gehörschäden. Es ist kein Ende in dieser wahnsinnigen Entwicklung abzusehen, so lange jeder nach Lust und Laune lärmen kann, so lange sich mit der Ballung von Menschen, Verkehr und Industrie auch der Lärm konzentriert und so lange sich DIN und Gesetze an den ,,heiligen Kühen'' Auto, Motorrad, Rasenmäher, Maschine etc. bei der Wahl von *Grenzwerten orientieren.* Mit diesen Daten wird unermeßliches menschliches Leid sanktioniert - ein Hohn gegen die Forderung des Grundgesetzes und der Weltgesundheitsorganisation nach körperlichem, seelischem und sozialem Wohlergehen.

Zahlreiche *Lärm-* und *Vibrationskrankheiten* sind bekannt: z. B. Nervosität, Neurosen, Depressionen, Kopf-, Augen- und Ohrenschmerzen, Schlafstörungen, Atembeschwerden, Gefäßverengung, Schwindelanfälle, Drüsenstörungen, Bluthochdruck, Magen- und Darmschäden, Herz- und Kreislaufbeschwerden, Mißgeburten. Lärmstreß bewirkte bei Mäusen eine Verdoppelung der Krebsbildung. Hinzu kommen all die Folgen der *Lärmbelästigung,* wie Verhaltensstörungen bei Kindern, Gereiztheit, Streitsucht, Aggression, Unzufriedenheit, Lebensangst, Konzentrationsmangel.

Eine Anpassung ist nicht möglich, vielmehr steigt die Empfindlichkeit mit zunehmender Lärmbelastung.

Maßnahmen für eine ruhige, erholsame Wohn- und Arbeitsumwelt können nur wirksam sein, wenn man den Hebel an den Lärm-Ursachen ansetzt:
Trennung von Lärm- und Ruhezonen im Haus und im Siedlungsraum / Dezentralisation / Große Park- und Gartenanlagen in Städten und Dörfern / Bau von Umgehungsstraßen / Geschlossene Randbauweise / Fußgänger-Zonen / Elektrofahrzeuge für den Ortsverkehr / Herabsetzung der Phonwerte bei Fahrzeugen, Maschinen, Geräten und Installationen / Schalldämmende Wände, Decken, Türen und Fenster / Verwendung schalldämpfender Baustoffe und Einrichtungen . . .

16. Verwendung von Baustoffen, die keine oder nur geringe radioaktive Eigenstrahlung haben

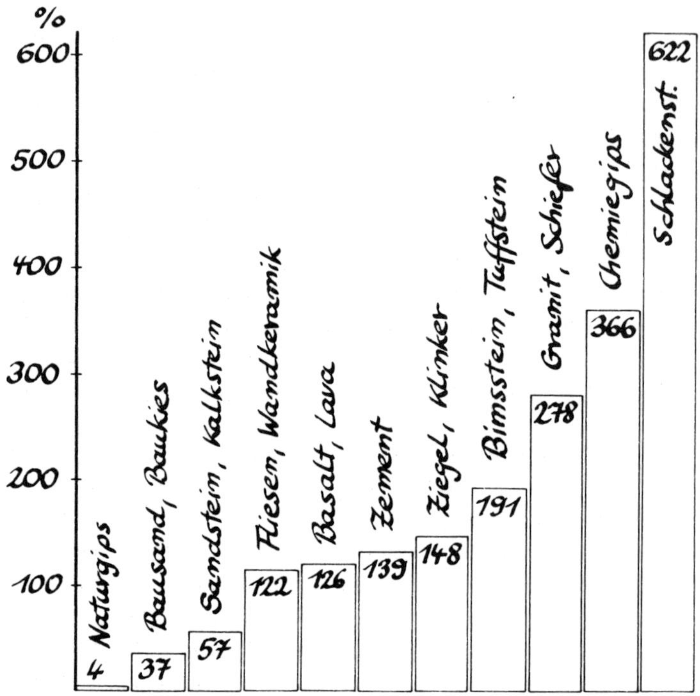

Maximale biologische Aktivität von Baumaterialien

- Mögliche prozentuale Zunahme der natürlichen Strahlenbelastung, wenn alle Bestandteile eines Gebäudes aus den betreffenden Stoffen bestehen.

Allgemein:
Zunahme aller Krankheiten, Epidemien, Lebensverkürzung

Speziell:
Strahlenkrebs, Leukämie, Genmutationen, Mißbildungen, Kindersterblichkeit, Geisteskrankheiten

„Jede radioaktive Strahlung - ob natürlich oder künstlich - ist lebensfeindlich." (Prof. F. Niggli)

Es gibt keinen risikofreien Grenzwert; die Schädlichkeit beginnt bei Null.

Das ist seit langem bekannt, wird aber im Bauwesen überhaupt nicht beachtet. Im Gegenteil, seitdem man die Radioaktivität von Baustoffen untersucht hat und die Gefährlichkeit der Strahlenbelastung kennt, werden immer mehr stark radioaktive Abfallprodukte verwendet - z. B. Chemiegips, Hochofenzement, Schlackensteine, Kunstbims, Schlackenwolle, Schlakkensand, Bimsbeton, Rotschlamm-Ziegel.

Seit Jahren berät man bei den zuständigen Stellen darüber, welche einschlägigen Bestimmungen erlassen werden könnten. Vielleicht ist man deshalb so müßig, weil Strahlenschäden häufig erst mit einer Verzögerung von 20 - 30 Jahren auftreten und weil - zumal bei der heutigen Vielzahl von Krankheitsursachen - genauere Zusammenhänge meist nicht nachweisbar sind.

Durch Baustoffe können Häuser radioaktiv völlig verseucht sein. So wurde in Bauten aus Schlackenbeton die dreifache Aktivität gegenüber der natürlichen Grundstrahlung gemessen; ähnlich war es bei der Verwendung von bestimmten Gipsplatten. In Holzhäusern lag sie dagegen um 20 % niedriger. In schlecht durchlüfteten Häusern (ohne atmungsfähige Wände und Decken) war die Radioaktivität der Atemluft bis zu 10mal höher als unter günstigen Diffusions-Verhältnissen; Chemiegifte etc. wären zusätzlich zu berücksichtigen. Prof. Maths nimmt an, daß in Betonhäusern mit dichten Fenstern und Türen u. a. Lungenkrebs stark zunehmen wird. Ständige Lüftung ist der einzige Rat, der den Betroffenen gegeben werden kann.

Vernunft, Verantwortung und Ethik verlangen es, das Strahlungsrisiko so niedrig wie möglich zu halten. Wer mit radioaktiven Strahlen bzw. Baustoffen Menschen schädigt oder umbringt, müßte eigentlich ebenso bestraft werden, wie jemand, der mit primitiveren Werkzeugen mordet!

Es ist dringend notwendig, alle Baustoffe, deren Zusammensetzung nicht bekannt ist, auf ihre Radioaktivität hin zu untersuchen, die Zulassung entsprechend zu regeln und die Verwendung zu überwachen.

17. Erhaltung des natürlichen luftelektrischen Feldes

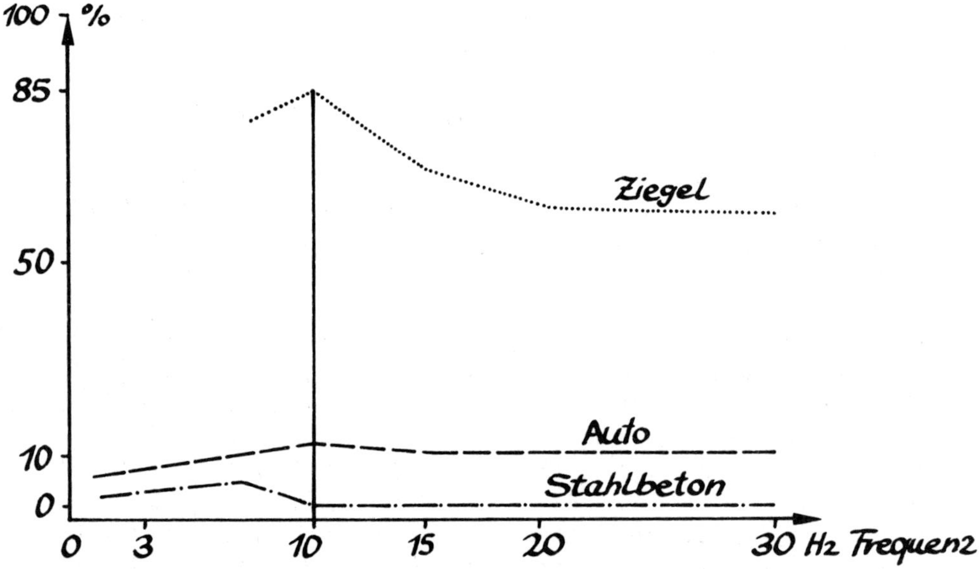

Durchlässigkeit atmosphärisch-elektrischer Felder im Bereich zwischen 3 und 30 Hz.

Nullfeld-bedingte Krankheiten und Beschwerden:
Mattigkeit, Schwindel, Kopfschmerzen, Schlafstörungen, Depressionen, Migräne, Gereiztheit, Krämpfe, Kreislaufbeschwerden, Blutunterdruck, Epilepsie, Asthma, Rheuma, Stoffwechselstörungen, Infektionen, Multiple Sklerose, Krebs

Wirkung des optimalen natürlichen Strahlungsfeldes:
Körperliche und geistige Vitalität,
Immunität (hohe Abwehrkraft),
Gesundheit bis ins hohe Alter.

„Zwei Generationen im Nullfeld, höchstens drei, führen zum Verschwinden des menschlichen Geschlechts durch Unfruchtbarkeit oder organische Mängel". (Prof. Dr. J. Pech)

Nach Dr. A. Schmid nimmt unter atmosphärisch abgeschirmten Lebensbedingungen in der ersten Generation die Vitalität bereits um 50 % ab. Zahlreiche wissenschaftliche Versuche mit Pflanzen und Tieren bestätigen diese Aussagen. Bei Prof. Dr. Steininger starben Mäuse in abgeschirmten Käfigen, der viele Wohnungen entsprechen, in der dritten Generation aus, nachdem sie vorher ein völlig abartiges Verhalten gezeigt hatten.
Die Wohn-Umwelt ist heute geprägt einerseits durch einen Mangel an natürlichen Strahlen und Ionen, andererseits durch künstlichen Strahlen- und Ionenstreß. Beides entspricht nicht den Verhältnissen in der freien Atmosphäre. Hier gibt es keine elektrostatischen Aufladungen, die negativ geladenen Sauerstoffionen sind im Übergewicht, das elektrische Gleichfeld liegt bei durchschnittlich 150 V/m und ausgeglichene niederfrequente Wechselfelder geben ständig Impulse an Lebewesen ab. Der Mensch steht in einem harmonischen Gleichgewicht mit dieser *Bioenergie,* die maßgeblich für die Entstehung, Erhaltung und Steuerung allen Lebens wirksam war und ist.

Es ist seit langem bekannt, wie sehr unser Wohlbefinden allein vom Wetterwechsel geprägt wird und daß Störungen im natürlichen Elektroklima zur Massenvermehrung von Viren, Bakterien, Pilzen und Insekten führen können; Kalamitäten bei Pflanzen und Epedemien bei Tieren und beim Menschen hängen damit zusammen, z. B. Grippe, Kinderlähmung, Hirnhautentzündung, Tuberkulose, Typhus, Cholera, Herzerkrankungen. Daß auch die Zahl der Sterberate, der Unfälle sowie von Selbstmord und von Verbrechen strahlungsabhängig ist, ist statistisch nachgewiesen. Wie viel mehr müssen dann wesentlich stärkere künstliche Anomalien das biologische System aus dem Gleichgewicht bringen!

Ein naturgemäßes, harmonisches Strahlungsfeld läßt sich nur bei Verwendung von Naturbaustoffen (Holz, Kork, Rinde, Stroh, Wolle, Kokosfasern, Lehm / Ziegel etc.) schaffen. Sie laden sich nicht auf, sorgen für physiologisch günstige Ionenverteilung, bauen das elektrische Gleichfeld nicht voll ab und polen es nicht um und sie isolieren uns nicht von den lebenswichtigen elektrischen Wechselfeldern der Atmosphäre.

18. Ohne Veränderung des natürlichen Magnetfeldes

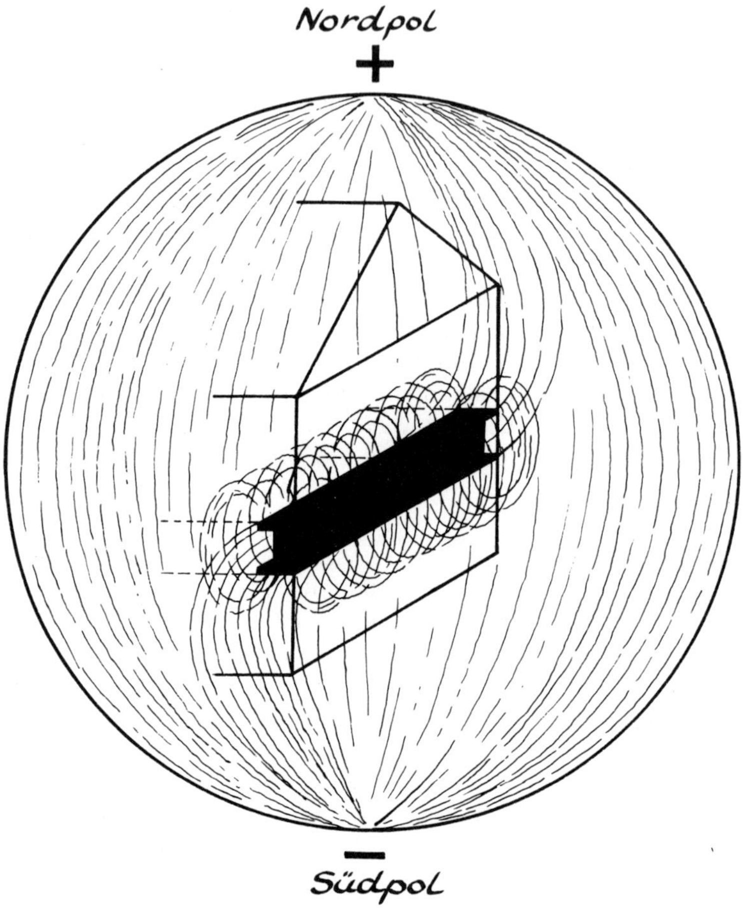

Wohnen unter künstlichen Magnetfeld-Bedingungen
- Abschirmung des Erdmagnetfeldes (Unterdosierung)
- Überdosierung durch technische Magnetfelder
  (el. Leitungen und Geräte aller Art)
- Ferromagnetische Verzerrungen im Haus
  (Stahlträger, Eisengitter in Betondecken, Installationsrohre, Heizkörper, Metallmöbel, Federkernmatratzen etc.)

Die Natur ist erfüllt von einem Zusammenspiel elektrischer und magnetischer Kräfte; dieses Spiel kann harmonisch oder disharmonisch sein. Jede Energieform, jedes Atom und jede Zelle hat auch ein magnetisches Moment.

Viele Tiere - besonders Vögel, Fische, Schnecken, Insekten -, Pflanzen und Bakterien orientieren sich im erdmagnetischen Feld. Sie reagieren auf feinste Veränderungen. Künstliche magnetische Felder können den Naturablauf in Unordnung bringen oder unterdrücken. Schwache Magnetfelder beschleunigen bei Pflanzen das Wachstum, starke Felder behindern es. Wo liegt das Optimum bei verschiedenen Lebewesen?

Der Körpermagnetismus hat große Bedeutung für die Informationsübertragung und Steuerung - besonders über das Nerven- und Enzymsystem.

Bei Tierversuchen wurde die Wirkung von Magnetfeldern auf das Wachstum von Krebszellen nachgewiesen; weiterhin auf den gesamten Stoffwechsel, die Enzymaktivität, den Sauerstoffverbrauch, auf Gewichtsveränderung sowie auf die Lebenszeit.

Bei der elektromedizinischen Therapie spielen Magnetfeldgeräte heute eine besondere Rolle. Sie werden z. B. zur raschen Knochen- und Wundheilung oder zur Behandlung von Arthrose mit mehr oder weniger gutem Erfolg eingesetzt. Es hat sich gezeigt, daß die Wirkung von ganz bestimmten Intensitäts- und Frequenzwerten abhängig ist. Das Problem gewisser Nebenwirkungen blieb noch weitgehend unbeantwortet.

Gesundheitsfördernde Bedingungen liegen vor, wenn die naturgegebenen Verhältnisse nicht gestört sind durch

- *Abschirmung* des Erdmagnetfeldes (z. B. durch Stahlplatten),

- *ferromagnetische Verzerrungen* (Stahlbeton, Eisenträger, Installationsrohre, Heizungsanlagen) oder

- starke künstlich erzeugte magnetische Wechselfelder (aus elektrischen Leitungen, Haushaltsgeräten, Maschinen etc.).

Da der Organismus im Schlaf besonders empfindlich ist, sollte man darauf achten, das innere Magnetfeld nicht durch naturfremde äußere Magnetfelder aus Federkernmatratzen, Sprungfederrahmen, Stahlbetten sowie Elektroleitungen und -geräte zu stören.

19. Ohne Ausbreitung technischer elektromagnetischer Felder

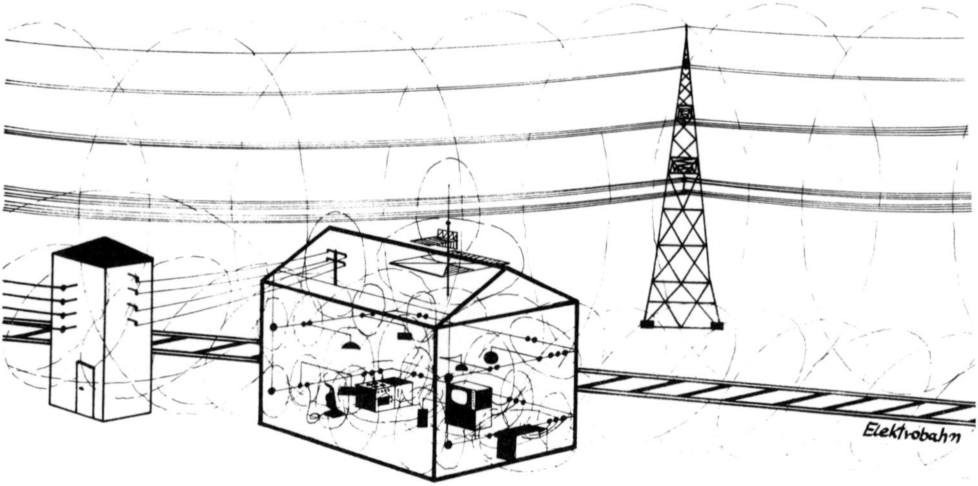

Armutszeugnis der Zivilisation:
„Wir müssen mit der Elektrotechnik leben!" (und sterben?)

Elektromagnetische Dauerberieselung:
Leitung, Strahlung, Überlagerung, Reflexion, Modulation, Interferenz, Antennenwirkung, Ionisation, Aufladung, Umpolung, Resonanz, Abschirmung, Magnetisierung, Piezowirkung, Laser- und Masereffekte...

Die Elektrotechnik ist das größte *Experiment mit dem Leben,* das es jemals in der Geschichte der Menschheit gab und das ohne nähere elektrobiologische Kenntnis weiterläuft. Es ist mehr als leichtsinnig und in seinen Auswirkungen gar nicht abschätzbar, dieses Wagnis den Spezialisten der Elektrotechnik zu überlassen und die Warnungen der Biologen, Mediziner, Psychologen etc. im blinden Fortschrittswahn unbeachtet zu lassen.

Das künstliche Strahlungsklima, in dem wir heute leben, weicht erheblich von den natürlichen Verhältnissen ab. Selbst auf den Verdacht hin, daß diese Disharmonie und totale Verseuchung schädlich sein könnte, müßten wir mehr Verantwortung und Vorsicht walten lassen.

Es sollte zum Nachdenken anregen, wenn als maximal zulässige Belastung unter elektromagnetischen Feldern in Rußland lediglich 0,01 mW / cm^2 für einen Tag festgelegt wurde, in der BR Deutschland dagegen 10mW / cm^2 für unbegrenzte Zeit. Mit Mikrowellen (z. B. von Grillöfen, Mikrowellenherden, Radarsendern, Rundfunk- und Fernsehsendern, Mobilfunknetz, elektronischen Geräten) tappt man ebenso im Dunkeln: die Grenzdosis liegt hier in den USA um das tausendfache höher als u. a. in Rußland.

Die biologische Grundschwingung der Erde und des Menschen liegt bei 10 Hertz; sie schwankt in bestimmten Rhythmen, ist organspezifisch und individuell verschieden sowie vom Gesundheitszustand abhängig; bei Fieber z. B. beträgt sie 18 Hertz. Wie sich dann unphysiologische und intensitätsmäßig wesentlich stärkere Wellen des Elektronetzes von 50 Hertz oder die Bahnfrequenz mit 16 $^2/_3$ Hertz biologisch langfristig auswirken, kann man vorerst nur ahnen. Wegen der Vielzahl von Belastungen, denen der zivilisierte Mensch ausgesetzt ist, lassen sich Krankheiten kaum noch *ursächlich* nachweisen. Auf den fehlenden Nachweis aber beruft man sich, um unentwegt weiter zu experimentieren!

Immerhin ist es wissenschaftlich sicher, daß wir uns an die veränderte elektromagnetische Umweltsituation nicht gewöhnen können, daß sie in den Ablauf allen organischen Lebens empfindlich eingreift und daß der Elektrostreß die gleichen Wirkungen bis zum Krebs hat, wie andere streßartige Belastungen. Auch u.a. Leukämie sowie die Selbstmordrate sind laut statistischem Nachweis abhängig von technischen elektromagnetischen Feldern, wie sie heute fast in jedem Haus vorkommen. Dies müßte eigentlich genügen für vernünftige und verantwortungsbewußte Konsequenzen.

20. Die lebenswichtige kosmisch-terrestrische Einstrahlung wenig verändert

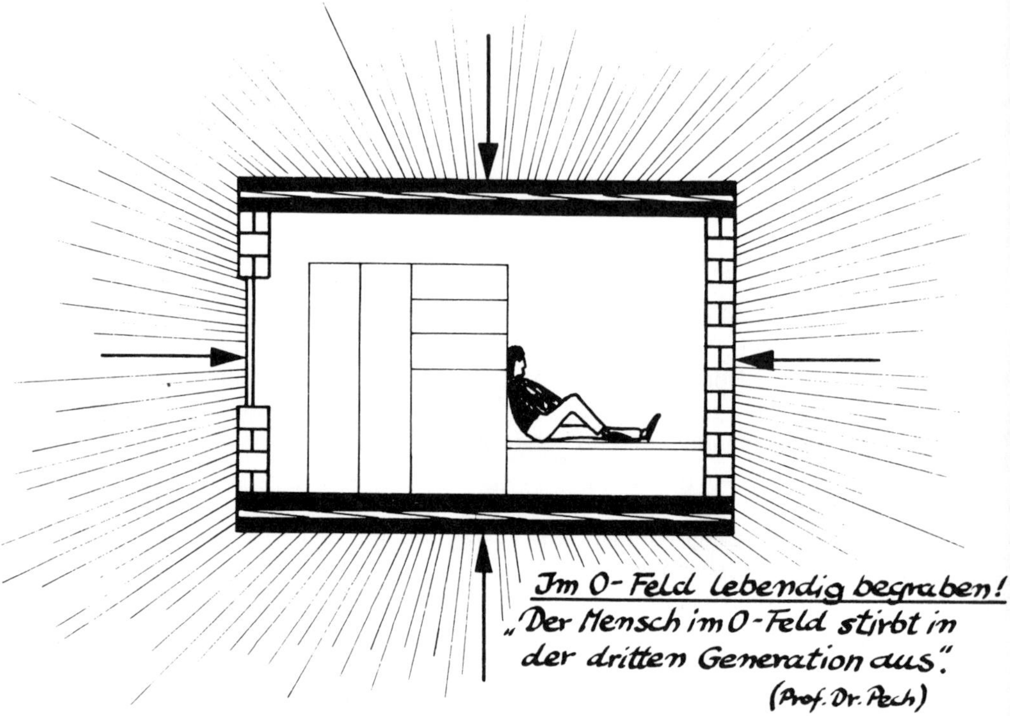

Durchlässigkeit ungenügend	
Beton	45 %
Beton + Bitumen	11 %
Beton + Polystyrol	26 %
Beton + PVC	18 %
Betonziegel	23 %
Holz + Polystyrol	24 %
Holz + Aluminium	17 %

Durchlässigkeit genügend	
Holzdach	bis 98 %
Tonziegel	83 %

(Endrös)

Als Faraday'sche Käfige bezeichnet man oft stahlarmierte Betonhäuser. In den von der atmosphärischen Elektrizität abgeschirmten Räumen herrschen Nullfeld-Bedingungen. Dies bezieht sich nicht nur auf das natürliche Gleichfeld, das - wenn auch völlig verzerrt - unter den Massivdecken noch teilweise vorhanden ist, sondern auch auf andere lebenswichtige Einstrahlungen: magnetisches Feld, UV-Licht, niederfrequente elektrische Wechselfelder und die noch wenig erforschte kosmisch-terrestrische Strahlung.

Daß man bei dieser Mikrowellen-Einstrahlung in der Erforschung ihrer biologischen Wirksamkeit noch am Anfang steht, berechtigt nicht dazu, sie als unbedeutend aus unserem Leben in der künstlichen Wohn-Umwelt zu verbannen. Alles Leben entstand unter der Mikrowellenstrahlung und ist existentiell von Ihr abhängig. Es gibt kein beziehungsloses Nebeneinander; alles hängt mit allem zusammen - harmonisch in der Natur, disharmonisch im gestörten Lebensraum. Diese organisch-ökologische Weltanschauung entspricht den Erkenntnissen der modernen Physik. Das ganze Universum gilt als dynamisches Gewebe von untrennbaren Energiestrukturen. Jedes Teilchen kann nur in seiner Wechselwirkung mit der Umgebung verstanden werden - nicht als isoliertes Gebilde.

In der Isolation stirbt das Leben. Treibhaus-Pflanzen waren bei Versuchen von Prof. Bose (Indien) so geschwächt, daß sie durch geringe elektrische Reize eingingen, während Freilandpflanzen dadurch im Wachstum gefördert wurden.

Durch Mikrowellen wird nach Endrös besonders die endokrine Steuerung beeinflußt. Dadurch kann der ganze Organismus in Unordnung geraten („falsch programmiert"). Dann hilft weder Medikament noch Arzt; vielleicht noch ein baubiologisch empfohlener Wohnungswechsel.

Die kosmisch-terrestrischen Strahlen werden infolge Reflexion, Absorption und spektraler Umwandlung vor allem durch Kunststoffe und Beton verändert. Die Baumaterialien für Dach und Decken haben entscheidende Bedeutung für die anormalen Strahlungsverhältnisse im umbauten Raum. Gesundheitlich bedenklich sind auch der Swimmingpool unter den Wohnräumen sowie wasserhaltige Massivdecken, weil durch Wasser die aus der Erde kommenden Neutronenstrahlen gebremst werden und in diesem Zustand gefährlich sind.

21. Anwendung der physiologischen Erkenntnisse zur Raumgestaltung und Einrichtung

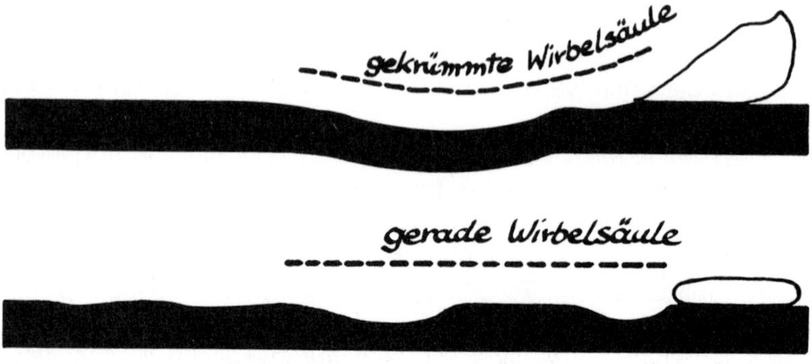

„Wie man sich bettet, so liegt man."

Die Hälfte des Lebens sitzen wir
so? oder so?

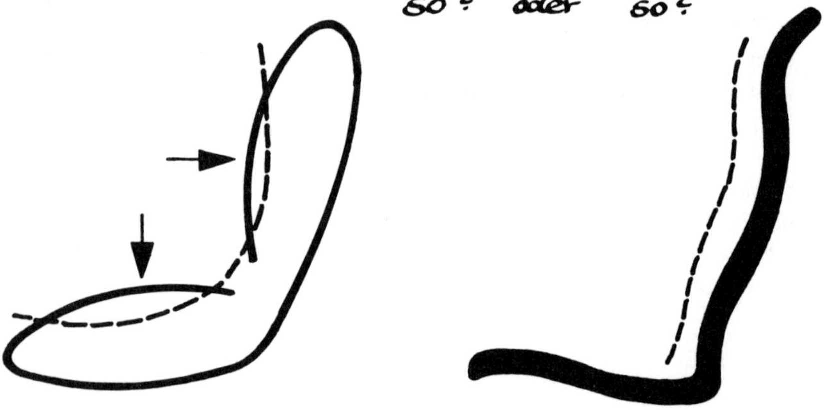

Folgen:

1. Muskuläre Verkrampfung
2. Müdigkeit, Unwohlsein
3. Schädigung der Verdauungs- und Atmungsorgane
4. Erschlaffung der Bauchmuskulatur
5. Bandscheibenschmerzen
6. Rheuma - Arthrose - Lähmung

Idealer Stuhl:

Vollständige Entspannung der Rückenmuskulatur bei zugleich natürlicher Haltung und Stützung der Wirbelsäule; Anfertigung unter Beachtung der Körpermaße

In jedem Jahr verunglücken etwa 1,8 Millionen Personen im häuslichen Bereich, davon 11 000 tödlich - dies allein in der BR Deutschland. Verkrümmungen der Wirbelsäule nehmen bei Kindern stark zu; 60 % der Mittelschüler hatten eine degenerative Wirbelsäule. 50 % der Erwachsenen hatten während eines Lebensabschnittes Wirbelsäulenbeschwerden. 85 % der Büroangestellten hatten Schmerzen an Bandscheiben, Schultern, Knien etc.

Hinter diesen statistischen Zahlen stecken sehr viel Leid und Not sowie unermeßliche persönliche und volkswirtschaftliche Verluste. Die *Ursachen* dafür sind bekannt und erforscht; es sind u. a.

- nicht körpergerechte anatomisch und funktionell falsche Sitzmöbel, Tische, Betten, Arbeitsgeräte, Haushaltseinrichtungen etc.

- mangelhafte Gebrauchsgegenstände, Bauteile und Installationen (Treppen, Türen, Fenster, Sanitärraum, Beleuchtung, Balkon)

- Fußböden unelastisch, nicht gleitsicher, mit rutschenden Teppichen.

Durch die Wohnphysiologie wurden die Zusammenhänge eingehend untersucht; trotzdem bleibt die praktische Anwendung meist aus, die Zahl der Geschädigten steigt Jahr für Jahr. Selbst in orthopädischen Kliniken widersprechen die Metallbetten mit Federkernmatratzen, Stahlrosten, Schaumgummipolsterungen und synth. Bettwäsche völlig den einschlägigen wissenschaftlichen Kenntnissen.

Sehr viel Aufklärungs- und Bildungsarbeit, die bereits an den Volksschulen beginnen müßte, ist auch hier notwendig.

Erst wenn Verständnis, Interesse und Verantwortungsbewußtsein geweckt sind, werden wohnphysiologische Erkenntnisse zur Nachfrage. Damit wird die Produktion für eine entsprechende Gestaltung und Ausstattung von Wohnungen, Schulen, Arbeitsplätzen, Erholungsstätten, Krankenhäusern etc. rentabel - das Angebot steigt.
Aber eine solche Entwicklung darf nicht nur physiologisch-funktionell gesehen werden und in eine Massenproduktion zur bloßen Bedarfsdeckung münden. Denn neben der physischen Gesundheit haben das psychische Wohlergehen, die Würde des Individuums, der kulturell-schöpferische Bereich entscheidende Bedeutung. Auf eine ideenreiche, organisch-lebendige, ganzheitliche, kunstvolle und bildsame Gestaltung des Lebensraumes ist ganz besonderer Wert zu legen.

22. Berücksichtigung harmonikaler Maße, Proportionen und Formen

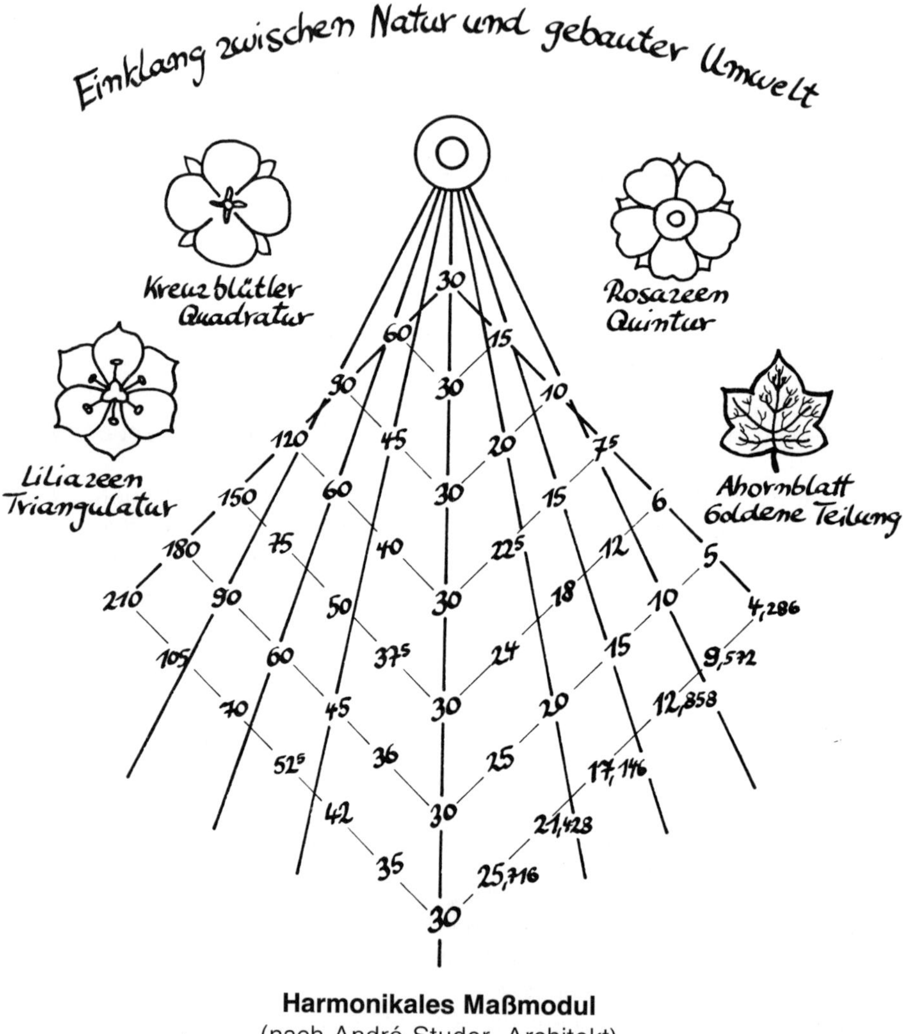

Harmonikales Maßmodul
(nach André Studer, Architekt)

Das oberste Anliegen der Kunst ist „das Rechte Maß"

(Albrecht Dürer)

Die Proportionen von Wohnräumen sind von größter Bedeutung für das Wohlbefinden.
(Welt-Gesundheits-Organisation)

„Architektur ist gefrorene Musik" (Schopenhauer)

Harmonikal heißt naturverbunden, ganzheitlich, integral, materialgerecht, human, Einklang zwischen Qualität und Quantität.

Nach den Erkenntnissen der modernen organisch-ökologisch orientierten Physik ist der „leere" Raum eine dynamische Größe, stellen Materie und Raum eine *Einheit* dar, besteht ein Wechselspiel zwischen Raum, Maß und Form, dem auch der Mensch eingeordnet ist.

Das ganze Universum von den Atomen bis zu den Sternen ist eine dynamisch-rhythmische Einheit, ein fließendes Gewebe von Zusammenhängen, aktiv, organisch wachsend, lebendig, leicht, sich ständig verändernd - nicht statisch, schwer, tot, passiv, drückend, geometrisch steif, isoliert, beziehungslos.

Von dieser Warte aus läßt sich auch das Bau- und Siedlungswesen beurteilen. Die gebaute Umwelt ist ein Abbild für die geistige Verfassung eines Volkes. Der Verfall einer Baukultur beginnt primär im geistigen Bereich. Wo die *innere Harmonie* des Menschen fehlt, kann auch keine *äußere Harmonie* gebaut werden. Da kommen nur primitive, lebensfeindliche, naturfremde Formen (Länge x Breite x Höhe) zustande! Es sind Gefängnisse, die zwar dem physisch-materiellen Existenzminimum entsprechen, aber psychische Entfaltung, Gesundheit und geistige Evolution unterdrücken.

Die Natur läßt sich nicht in ein beliebiges Schema von Linien pressen. Und eine kulturlose Diktatur von Baugesetzen schafft eben jene allzu bekannte unmenschliche Architektur und deprimierende Monotonie.

Unsere Häuser, Dörfer und Städte müssen wieder harmonisch-organisch mit der Natur wachsen, wie dies in allen Kulturepochen geschah. Lehrmeister für die in individueller Vielfalt und Freiheit gewählten Maße, Proportionen und Formen ist die belebte und unbelebte Schöpfung.
Anregung geben nebenstehende Zahlenwerte, die bei der Planung beliebig kombiniert werden können. Dazu als Beispiel für harmonikale Maße: Grundfläche eines Zimmers 3,75 x 5 m, Türmaß 105 x 210 cm.
Harmonikale Architektur ist eine Bildungsaufgabe; sie dient der Vervollkommnung des Menschen durch ein Wohnen in Harmonie mit der Natur und dem Kosmos. Hier liegt das Wesen von Baubiologie und Baukultur zugleich.

23. Zu keinen Umweltproblemen und hohen Energiekosten führend

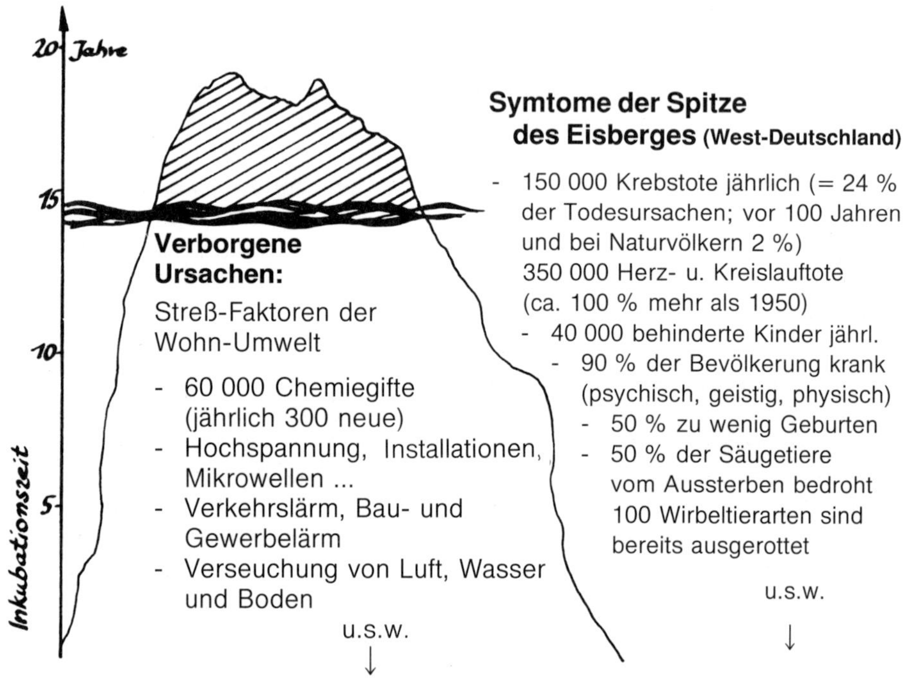

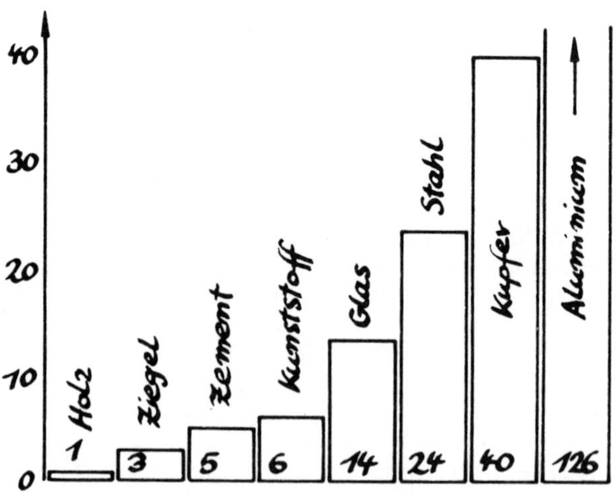

Energieverbrauch für die Baustofferzeugung

„Das Überleben unserer ganzen Zivilisation kann davon abhängen, ... ob wir die Natur ganzheitlich erfahren und mit ihr in Harmonie leben." (F. Capra, USA, Physiker)

Die bestehende materielle und psychische Umweltzerstörung, kombiniert mit einer Gesundheitskatastrophe und einem geistig-kulturellen Verfall, dürfte die größte Krise seit Bestehen der Menschheit sein. Aber die meisten merken gar nicht, wie ernst die Lage tatsächlich geworden ist.

Es ist aber anderseits als ein positives Zeichen zu werten, wenn immer mehr Menschen beunruhigt werden über die fragwürdigen Erfolge dieser Generation; allmählich erwachen wir aus dem geruhsamen Genuß, aus dem Traum von der heilen Welt, der Vogel-Strauß-Politik, der Hoffnung auf ein gnädiges Schicksal oder welche Motive es sonst noch sein mögen, die unseren Gesichtskreis einengen.

Letztlich ist also der Mensch das Problem. Eine radikale Umkehr wäre in letzter Minute möglich, wenn jeder an seinem Platz dazu beitragen würde, insbesondere aber die verantwortlichen Führungskräfte der Regierung, Wirtschaft, Schulen, Kirchen und der Verwaltung.

Was hat das Bauwesen damit zu tun? Der Wohnbereich ist die hautnahe Umwelt; hier verbringen wir 90 % unseres Lebens. Die große Masse der Industrieprodukte - einschließlich der Giftstoffe - gelangt in die Häuser und Wohnungen und macht diese mehr oder weniger gesundheitsschädigend. Dies geht bekanntlich so weit, daß z. B. Holz und Wolle, die zu den gesündesten und angenehmsten Stoffen in unserer Umgebung gehören, wegen Imprägnierung, Lackierung, Kunstharzbeschichtung, Verklebung, Färbung, Eulanisierung usw. zu den gefährlichsten geworden sind. Sowohl bei der *Entstehung* als auch beim *Abbau* von gewissen Baustoffen wird unser Lebensraum (Wasser, Luft, Boden) erheblich belastet.

Bei der Wahl der Baustoffe und Einrichtungsgegenstände kann jeder einzelne - ohne persönlichen Verzicht (wie etwa bei Aufgabe des Rauchens oder Trinkens) - einen wirksamen Beitrag zum Umweltschutz leisten, ein gutes Beispiel geben, das ihm selber und den Mitmenschen nur Vorteile bringt.

„Was du beginnst, bedenke das Ende!" (Herodot)

24. Den Raubbau an knappen und risikoreichen Rohstoffen nicht fördernd

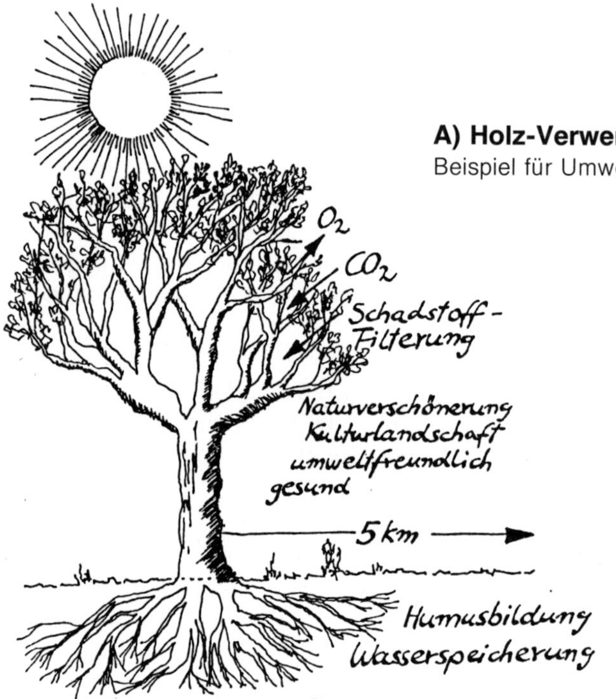

A) Holz-Verwendung

Beispiel für Umweltschutz **ohne** Raubbau

Vorteile als Baustoff:

1) Zuwachs 3x mehr als Nutzung
2) Bedarfsdeckung risikolos und zeitlich unbegrenzt
3) geringer Energiebedarf
4) Abbau nützlich (Humus, Energie, Wiederverwendung)
5) baubiologisch positiv

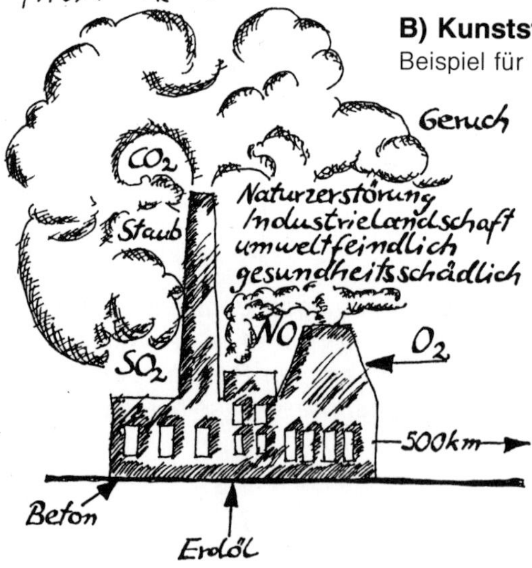

B) Kunststoff-Verwendung

Beispiel für Umweltverseuchung **mit** Raubbau

Nachteile als Baustoff:

1) Ausbeutung der Vorräte
2) Bedarfsdeckung risikoreich und begrenzt auf 20 bis 30 Jahre
3) Energiebedarf 6x mehr als für Holz
4) Abbau schädlich (Luft- u. Wasserverschmutzung)
5) baubiologisch negativ

Konsum- und Wegwerfgesellschaft nennt man diese im Überfluß lebende Zivilisation - nach dem Motto „Nach uns die Sintflut".

In spätestens 30 Jahren wird es kein Öl mehr geben; wichtige Metalle wie Kupfer und Zink sind bereits äußerst knapp und damit teuer geworden. Zur Gewinnung der meisten Roh- und Baustoffe wird sehr viel Energie - also wieder Öl - benötigt (vgl. Kapitel 23). Und Öl ist zugleich die Basis der Kunststoffproduktion. Außerdem ist Öl/Benzin nötig, um die Roh- bzw. Baustoffe über weite Strecken zu transportieren und die Häuser zu beheizen.

Wir leben insofern in einer gefährlichen, risikoreichen *totalen Abhängigkeit* - vom Öl, von einigen wenigen Lieferländern, von der Industrie, vom Verkehr, vom Fremdstrom etc.

Schließlich belasten wir durch diesen Konsum-Kreislauf unseren Lebensraum empfindlich: Atemluft, Trinkwasser und Boden (Nahrungskette!) werden verseucht. Das Ganze ist zugleich ein Raubbau an Sauerstoff, dem wichtigsten „Rohstoff"; davon verbraucht Deutschland dreimal mehr als die Pflanzen produzieren.

Die reichen Zivilisationsvölker existieren also in mehrfacher Weise nur noch auf Kosten der armen, „unterentwickelten" Völker und künftiger Generationen.

Trotz dieser Ausbeutung der Erde und obwohl die Grenzen des Wachstums aus den genannten Gründen überschritten sind, lassen wir uns durch stolze Zuwachsraten darüber hinwegtäuschen; wir tun so, als ob das Bauen, Einrichten, Heizen, Siedeln etc. gar nicht mit all dem zusammenhängen würde.

Notwendige Maßnahmen als *Ausweg* wären:

- Verwendung von zuwachsenden Bau-Grundstoffen (Holz, Stroh, Kokosfaser, Kork, Sisal, Baumwolle, Wolle....)
- Nutzung der genügend und überall vorhandenen Baustoffe (Lehm/Ziegel, Ton, Kalk, Sand, Magnesit, Natursteine . . .)
- Einsatz von Baumaterialien mit geringem Energiebedarf (für Produktion, Verarbeitung und Transport)
- Verwendung umweltfreundlicher Roh- *und* Abfallstoffe zum Bauen (Holz, Stroh, Lehm/Ziegel, Rinde, Klärfasern etc.)
- Selbstversorgung bei Heizung, Warmwasser und Licht (z. B. Sonnen- und Windenergie, Erdwärme, Abfallholz).

25. Keine sozialen Folgelasten durch schädliche Nebenwirkungen verursachend

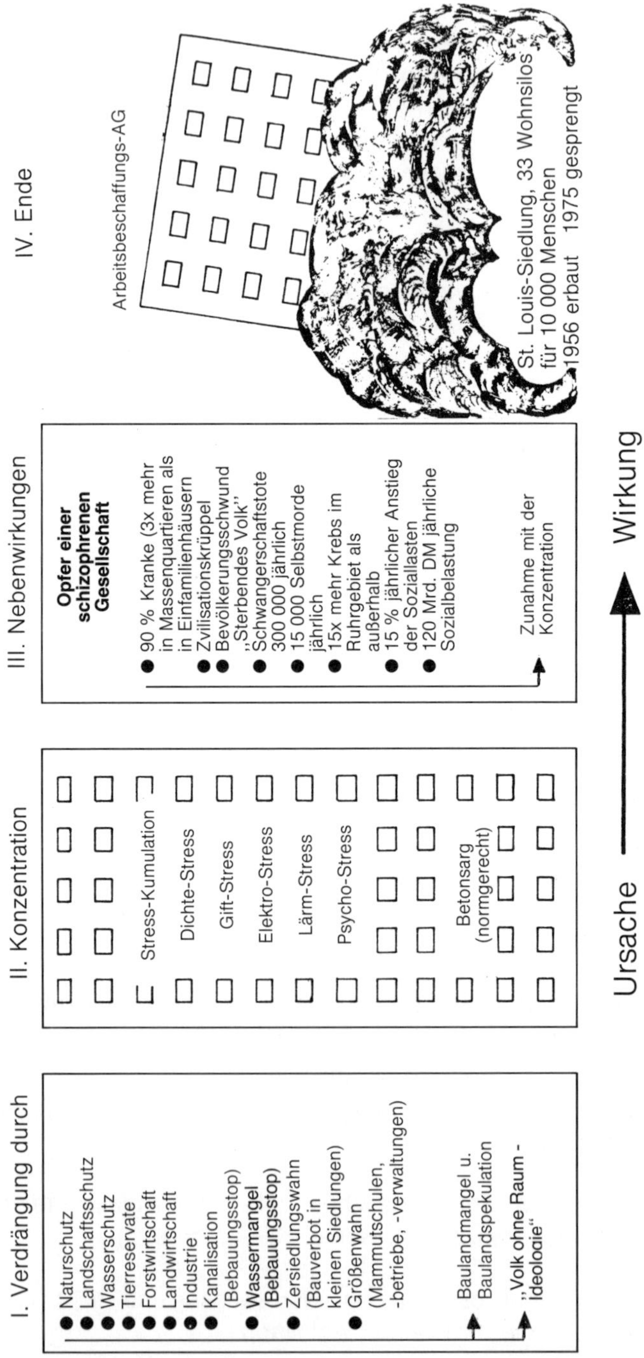

Definition für Gesundheit: „*Zustand vollkommen körperlichen, psychischen und sozialen Wohlbefindens*" (WHO Welt-Gesundheits-Organisation).

Diesem Lebensziel jedes Einzelnen zu dienen, ist oberste Aufgabe einer Gemeinschaft. Darin ist der nächstliegende Sinn unserer Arbeit zu suchen. Das Bau- und Siedlungswesen kann dazu einen entscheidenden Beitrag leisten, wenn es den übergeordneten Ansprüchen gerecht wird, wenn es ganzheitlich, weitsichtig, menschenfreundlich, volkswirtschaftlich, sozial, verantwortungsbewußt orientiert ist.

Vor dem Hintergrund der Realitäten muß man jedoch das Gegenteil feststellen: weithin ein asoziales, egozentrisches, schmalspuriges, weltfremdes, menschenfeindliches, verantwortungsloses Verhalten. Auf einem Schlachtfeld von Machtpositionen kämpfen selbstsüchtig zahlreiche Menschen und Interessengruppen: Bauherrn, Baugewerbe, Industrie, Gemeinden, Staat, Bauämter, Wasserwirtschaftsämter, Naturschutz, Denkmalschutz, Straßenbau, Landwirtschaft, Forstwirtschaft etc.

Wo bleibt hier der Mensch, seine Individualität und Freiheit? Er wird zerrieben zwischen Baugesetzen, Machtgier, Dirigismus, Uniformität, Willkür, Kleinkrämerei, Planungsbesessenheit, Institution, Diktatur, Establishment, Kompetenzstreit, Ermessensspielraum. Für das körperliche, psychische *und* soziale Wohlbefinden, für gesunde menschenwürdige Häuser und Siedlungen ist in diesem selbstgebauten Gefängnis kein Platz.

Wie soll es weitergehen? Wenn es uns wirklich ernst wäre mit der notwendigen Reform, mit dem *WHO*-Ziel für gesunde und zufriedene Menschen, dann müßten wir

- Millionen Häuser, Dörfer und Städte nach den baubiologischen Richtlinien gründlich sanieren,

- den unheilvollen Trend zur Konzentration endlich durchbrechen und genügend Siedlungsraum schaffen zur Dezentralisierung und freien Entfaltung der Bevölkerung,

- alles Schädliche aus dem gesamten Baugeschehen kompromißlos beseitigen.

Unser aller Wunsch ist die humane, gesunde Wohn-Umwelt, die wahre und allein menschenwürdige Baukultur. Möge dieses Ziel durch Einsicht, Bildung und weise Lenkung bald erreicht werden!

Fernlehrgang Baubiologie

Der Lehrgang besteht aus 24 Lehrheften und ergänzendem Nahunterricht mit folgenden Themen:

Umweltsituation / Baubiologie und Baukultur / Standort / Geobiologie / Wohnklima / Biologische Baustofflehre / Bauart - Bauweise / Elektro- und Sanitärinstallation / Heizung und Wärmedämmung / Möblierung / Bauakustik und Lärm / Licht, Beleuchtung / Farbe und Farbstoffe / Elektrobiologie / Raumgestaltung / Wohnphysiologie / Wohnpsychologie / Siedlungs- und Städtebau / Baurecht / Güteprüfung / Baukonstruktion / Untersuchungsmethoden der Baubiologie.

Der Fernlehrgang Baubiologie ist von der Staatlichen Zentralstelle für Fernunterricht geprüft und unter der Nr. 61 70 82 zugelassen; er dient der ordnungsgemäßen beruflichen Fortbildung zum Baubiologen.

Der Lehrstoff ist wissenschaftlich fundiert und praxisorientiert. Dem baubiologischen Lehrgang liegt ein langes Fachstudium der Dozenten dieses Lehrgangs zugrunde; es ist in der praktischen Betätigung, im Unterricht an Hochschulen sowie in Seminaren und Vorträgen gereift.

Der Fernlehrgang Baubiologie wird laufend überarbeitet und auf dem neuesten Stand der Forschung gehalten. Den ehemaligen Teilnehmern wird der neue Lehrstoff in Form eines Abonnements zur Verfügung gestellt, so daß der Inhalt der Studienunterlagen nicht veraltet.

Seit 18 Jahren hat sich dieses Fernstudium in der Praxis bewährt. Es ist

- *die rentabelste Investition des Bauherrn beim Bauen und Renovieren*
- *eine Hilfe beim Selbstbau und zur Senkung der Baukosten*
- *das ideale Ergänzungs-Studium für Ärzte, Heilpraktiker, Architekten und Bauhandwerker*
- *ein Weg zur Existenzgründung*
- *die notwendige Gesundheitsvorsorge für jeden*

Die Gebühren für dieses einjährige Selbststudium betragen lediglich 0,2 - 0,3 % der Baukosten für ein Einfamilienhaus. Im Vergleich zum Nutzen – für Gesundheit und Wohlbefinden, durch Bildung, im Beruf etc. – ist der Aufwand verschwindend gering.

Informationen und Anmelde-Unterlagen sowie Auskunft über Literatur, Vortrags-Veranstaltungen, Bildungsurlaub und Seminare zum Thema »Gesundes Bauen und Wohnen«“:

Institut für Baubiologie + Oekologie, D-83115 Neubeuern